內行人才知道的機器學習系統設計面試指南

Machine Learning System Design Interview

Ali Aminian, Alex Xu 著 · 藍子軒 譯

未經出版商書面明確許可，不得以任何方式複製或使用本書全部或部分內容。不過，在書評裡的簡短引文不在此限。

關於作者：

Ali Aminian 是 Adobe 的一位機器學習工程師，他在機器學習與大規模分散式系統方面，具有相當專業的背景。他之前曾為 Google 工作，協助建構和部署各種大規模的機器學習系統。除了在 Adobe 的工作之外，他也很喜歡向學生與專業人士傳授機器學習相關的知識。

Alex Xu 是一位軟體工程師兼作家。他的前一本著作《內行人才知道的系統設計面試指南》是 Amazon 的暢銷書，目前已被翻譯成六種語言。他之前曾經在 Twitter、Apple 和 Zynga 工作過。

在 blog.bytebytego.com 可以找到更多系統設計相關的資源。

致 *Niloufar*，他是我最好的朋友。

—— Ali Aminian

致 *Julia*。

—— Alex Xu

CONTENTS

譯序

這幾年隨著資料科學、機器學習、人工智慧的狂野發展，我也翻譯了不少相關的著作。在翻譯這些書籍的過程中，我觀察到許多原本沒什麼人知道的專業語詞，逐漸變成大家耳熟能詳的用語。其中有許多用語比較新穎，再加上中文本就存在兩岸用詞的差異，所以經常看到許多奇怪的不同翻譯方式。在高速發展的最新領域中，這原本也是很正常的現象。不過，正如兩千多年前孔老夫子說過的「必也正名乎」，如果明明是同樣的東西，卻存在各種大相逕庭的說法，對讀者來說實在是很困擾的一件事。

這次本書正好把 ML 機器學習領域相關的概念，簡潔而有系統地做了一次羅列與整合。我心想，或許這也是說明各種相關用語的一個好機會，如果能利用幾頁的篇幅，稍微說明一下我翻譯各種用語的想法，說不定可以拋磚引玉，對各種翻譯方式產生一些正面的影響，那也是好事一件。當然，如果您有不同的看法或更好的建議，那更是太棒了。

以下我會針對機器學習常見的幾個相關用語，說明一下我選擇的翻譯方式，談一談背後思索的過程與想法：

- **Embedding（內嵌）**：這個用語經常被翻譯成「嵌入」，例如「嵌入向量」、「嵌入空間」等等。但是「嵌入」這個詞很有一種動詞的感覺，蠻像是要對向量或空間「怎麼樣」的意思。其實這個用語代表的是東西的另一種「表達方式」，比較像是「嵌」在東西內、可用來代表這個東西的另一種表現方式，其中有一點「屬性」、「特質」、「內涵」這樣的名詞意味。我選擇「內嵌」來作為翻譯方式，一方面是想保留「嵌」這個字，另一方面 ing 在這裡其實是名詞的意味，感覺「內嵌」應該是更符合信達雅的翻譯方式。不過，由於市面上大部分看到的都是「嵌入」的翻法，而這個用語在 ML 領域又非常重要而常見，因此在這裡首先說明這個用語，在本書中採用了迥異於一般的翻譯方式，希望不會造成大家的困擾，同時也希望大家可以考慮一下「內嵌」這個翻譯方式是不是更合適的選擇。

- **Forward propagation（正向傳播）**：Forward 這個字經常被翻譯成「向前」的意思，所以這個用語常被翻譯成「前向傳播」。原本這應該是見仁見智的選擇，但如果考慮到它的相反用語 backward propagation，用相同的邏輯翻譯成「後向傳播」，就變得有點奇怪了。這裡主要的問題是「後」這個中文字在時間上有未來的意思，但「前」這個中文字在時間上卻可以表達過去（以前）也可以表達未來（向前），其實是很容易混淆的。話說回來，backward 在這裡應該是「往回」的意思，如果把 backward propagation 翻譯成「往回傳播」，forward propagation 跟著變成「往前傳播」，意思雖然是對的，但感覺還是有點奇怪，畢竟「往前／往回」的「前」與「回」並不是很明顯的相反關係。不過，如果順著這樣的邏輯，把 backward propagation 翻譯成「反向傳播」，forward propagation 翻譯成「正向傳播」就顯得自然多了。回頭來看，forward 確實也有「正向」的涵義，更重要的是，「正向／反向」的「正」與「反」兩個字，很明顯具有相對、相反的意味，可以恰當反映出我們想描述的感覺。因此，這就是我選擇把 forward propagation 翻譯成「正向傳播」，把 backward propagation 翻譯成「反向傳播」的理由了。

- **Cluster（集群）**：這個單詞有一簇、一團、一叢一叢的意思，常被翻譯成「叢集」（名詞的感覺）或「聚類」（動詞的感覺）。在機器學習領域中，把資料拆分成好幾大類、好幾群、好幾簇、好幾叢，其實是很常見的操作。考慮到這個用語同時具有名詞和動詞的涵義，一方面會把比較接近的資料點集合起來，把分散的資料點切分成好幾群，另一方面又要用來描述切分後各個分群的結果，所以我選擇了「集群」這個翻譯方式，因為「集」這個中文字本身也是兼具名詞和動詞的涵義，如此一來這個用語不管在名詞與動詞的使用情境下都能適用，就不需要改變用字而造成混淆了。

- **Support Vector Machine（SVM；支撐向量機）**：這個用語常被翻譯成「支持向量機」或「支援向量機」。這是用來把一堆資料點（通常以向量來表示）切分成好幾個「集群」的一種演算法。在切分

資料點時，最簡單的做法就是用直線來進行切分，而 SVM 顧名思義，就是利用 support vector 來進行切分。這個 support vector 指的就是各個集群最邊緣的那些向量資料點，也可以視之為各個集群的邊界。而這個 SVM 演算法，則是盡可能把集群與集群之間的 support vector「撐」得越開越好。換個角度來說，這些 support vector 就是把不同的集群支撐開來的「支撐向量」，所以，這就是我選擇把 SVM 翻譯成「支撐向量機」的理由。瞭解其中的道理之後，您還會覺得「支持」、「支援」是合適的翻譯方式嗎？

- **Random Forest（隨機樹林）**：這個用語經常被翻譯成「隨機森林」。這裡之所以用到 Forest 這個單詞，主要是其中彙整了很多的「樹狀結構」（Tree）。既然有很多的「樹」，那就選擇「樹林」的翻法，在字面上保留「樹」這個字作為線索，比較容易讓讀者聯想起它是彙整了很多的「樹狀結構」。當然，翻譯成森林也不壞，只是聯想的效果會比較不明顯。如果使用「森」這個字沒有其他的用意，我還是會更傾向於採用「樹林」的譯法。

- **Aggregate（彙整）**：這個單詞經常被翻譯成「聚合」，但從字面上並不容易理解它真正的涵義。我先用例子來說明好了。比方說，如果我們手上有一堆數字（比如老師有全班同學的成績、減肥的人每天量測的體重值），通常都會去算一下平均值、中位數、最大最小值之類的數字，這其實就是在進行 aggregate。如果用比較口語化的方式，就有點像我們常說的「彙整一下」，所以我在本書全都是採用「彙整」的譯法。值得一提的是，前面的「隨機樹林」，採用的就是這種彙整的做法。

- **Bootstrap aggregation（重複抽樣彙整）**：這個用語想從字面上去理解，其實還蠻困難的。我們先來看 bootstrap 的意思。它原本是指鞋子的腳跟偏上方，有一個可以讓人把鞋子提起來的提把設計。這個單詞在這裡的意思，其實是源自一句英文俚語：「pull yourself up by your bootstrap」，意思就是從你的鞋子提把處，把你自己提起來。當然，從力學角度來看這是不可能的事，不過它的意思延伸之

後，就變成「靠自己解決自己的問題」的意思。而在機器學習領域中，它則是指一種「重複抽樣」的做法。咦？很奇怪對吧？在機器學習領域中，資料量不足是很嚴重的問題。為了解決這個問題，出現了一種「對資料進行抽樣，抽完樣再把樣本放回去，再重新進行抽樣，就這樣反覆做好幾遍」的做法，這種「資料太少實在沒辦法了只好自己靠自己」的概念，其實就是 Bootstrap 在這裡的意思。而 aggregation 在這裡就是針對反覆做了好幾遍的重複抽樣進行「彙整」，這就是 Bootstrap aggregation（重複抽樣彙整）真正的意思了。到這裡為止，我想您應該已經發現這個用語繞了多少彎了吧。正因為如此，它也就變成一個很難翻譯的用語；如果翻譯成字面上的「鞋子提把彙整」，恐怕沒人看得懂；網路上也有人翻譯成「自助彙整」，意義上比較相近，但又不夠直白。諸多考量之下，我選擇翻譯成「重複抽樣彙整」，應該比較容易一眼看出它的意思，不過缺點就是不容易聯想回原本的英文。由於翻譯服務的主要對象是中文讀者，所以我選擇讓讀者更容易理解的譯法，如果大家有更好的建議，我也非常樂見喲。^_^

- **Bagging（裝袋）**：上面的 Bootstrap aggregation 已經夠奇怪了，這個 Bagging 更是不遑多讓。字面上來看，它似乎是 Bag（袋子）這個字的變形……抱歉，不是喔，其實它是 Bootstrap aggregation 各取開頭的 B 和 ag 組合而成的一個組合字。也就是說，它根本就是 Bootstrap aggregation 的另一種說法……我知道我知道，機器學習已經夠複雜了，這些發明用語的人好像還嫌大家不夠麻煩似的，拼命玩一些很奇怪的梗。你以為到這裡就結束了嗎？還沒呢，我們再來看看下面的 Boosting，你就懂我的意思了。

- **Boosting（促進）**：這個單詞經常被翻譯成「提升」、「推進」、「增強」。其實不管哪一種翻譯方式，甚至英文原文都很難一眼看出它所指的是什麼意思。但如果按照本書第七章的解釋來看，它其實就是 Bagging 相對的一個概念而已。如前所述，Bagging 其實是靠多次的「重複抽樣」訓練出多個模型，再把這些模型的結果「彙整」起來。至於 Boosting 的做法，則是把多個模型「串接」起來。如果用

電路來比喻的話，Bagging 比較像「並聯」，Boosting 則比較像「串聯」。本來多個模型各自都沒那麼厲害，但透過前後串接的方式，就可以讓模型達到互相促進增強的效果。當然，不管是「提升」、「推進」、「增強」的翻譯方式，在這裡應該都可以適用，不過這些中文用語都很容易讓人聯想到其他單詞，所以這裡選擇了「促進」這個相對比較少見的翻法，希望重新建立大家對於 Boosting 的認知。這樣選擇的好壞見仁見智，不過建議讀者還是搞清楚 Bagging 和 Boosting 的關係與差別，這應該才是比較重要的事情。

- **Quantization（量子化）**：這個單詞常被翻譯成「量化」。不過，如果說要把某個東西「量化」，我們通常指的是「改用數字來描述」的意思。其實，在英文也有另一個單詞 Quantify 可以用來描述這個意思。至於 Quantization，則是「改用比較粗的切分方式」的意思。比如說，如果我們原本用 2 個 Byte 來表示顏色深淺，從全白到全黑就可以切成 65535 個層次。但如果改用 1 個 Byte 來表示，就只能切分成 256 個層次。雖然如此，兩種方式都是表達全黑到全白的顏色深淺，只是原本切得比較細的表達方式，被改成切得比較粗的表達方式而已，這就是所謂的 Quantization 了。這裡並不是把顏色深淺「改用數字來描述」，而是「不再切得那麼細」、「改用比較粗的切分方式」的意思，說起來倒比較像是量子理論裡的「量子」概念（雖然量子理論的意思是沒辦法再切得更細了）。所以，這就是我捨棄「量化」選擇「量子化」翻法的理由。

- **Graph（圖譜）**：這個單詞原本是「圖」、「圖形」、「圖片」的意思，但是在本書中，描述的是一種由「節點」（node）和「連線」（edge）所構成的一種資料架構。這種節點加連線的架構，很適合用來描述像是家譜、族譜、朋友之類的關係。為了表現出這種架構的涵義，所以這裡選擇了「圖譜」這樣的翻譯方式。

- **edge（連線）**：這個單詞更常被翻譯成「邊緣」。但是，edge 在本書中描述的是節點與節點之間的「連線」，如果翻譯成「邊緣」，會讓人完全摸不著頭腦。因此，我直接把它翻譯成「連線」，還請各位讀者鑒察。

- **Accuracy（正確率）、Precision（精確率）、Recall（召回率）**：這幾個詞不管從中文或英文的字面來看，都不容易精準掌握到真正的意思。精確率與正確率究竟差在哪裡？精確率與召回率又為什麼經常同時出現？由於這幾個概念非常重要，字面上又很容易混淆，所以我想在這裡用一個比較容易理解的例子來說明一下。

比如說，人可以分好人跟壞人，警察應該要根據證據做判斷，去抓出壞人而不要抓到好人。

如果沒搞錯，抓到的確實是壞人（tp：真陽性），沒抓的確實是好人（tn：真陰性），這兩種都屬於判斷正確的情況。

如果搞錯了，抓到好人就是「錯抓」（fp：假陽性），壞人沒抓到就是「漏抓」（fn：假陰性），這兩種都屬於判斷錯誤的情況。

那麼，警察抓壞人這件事究竟做得好不好，我們可以用下面幾個方式來看：

1. 如果是看所有的人，其中判斷正確的人數所佔的比率，就是所謂的 Accuracy（正確率）。

2. 如果只看所有抓到的人，其中真正是壞人的比率，就是所謂的 Precision（精確率）。

3. 如果只看所有的壞人，其中有抓到的比率，就是所謂的 Recall（召回率）。

所以，我們應該可以把 Precision（精確率）看成「沒抓錯」的比率；同樣的，我們也可以把 Recall（召回率）看成「沒漏抓」的比率。至於 Accuracy（正確率），則可以看成「沒判斷錯誤」的比率。這樣，有比較清楚一點嗎？

當然，如果想搞清楚這其中的眉角，還是去看數學定義最清楚：

- Precision（精確率）= tp / (tp + fp)

- Recall（召回率）= tp / (tp + fn)

- Accuracy（正確率）= (tp+tn) / (tp+fp+tn+fn)

- **exploration（探索未知）、exploitation（善用已知）**：原本這兩個單字，一般都是翻譯成「探索」和「利用」。但如果只是採用這樣的翻法，根本無法表現出這兩個動作相對的意義。實際上，這兩個單字如果同時出現，通常都是想要表達，未知的領域可以去多加探索，已知的領域則可多加善用。有了這樣的理解，探索和善用的對照關係就更明確了。這也就是我選擇在翻譯時，分別加上「未知」和「已知」的理由，希望可以透過精簡的額外添加，更明確表達出原文字所要傳達的意思。

- **Tokenization（Token 化）**：這原本是指把一段長長的文字（比如句子）切成多個單元的做法，最典型的就是利用空格切分成一個一個的單詞，或是更細切成一個一個的字元。另外還有一種叫做 n-gram 的切法，簡單說就是以不同的固定長度來切分。切出來的結果，統稱為 Token，它有可能是單詞，有可能是字元，也有可能是各種固定長度的一串文字，無論如何，在中文裡似乎都沒有合適的對應說法，所以我保留了 Token 的原文，選擇了「Token 化」這樣的翻法。值得一提的是，這幾種切法對於英文或字母型的文字來說，都具有一定的意義，比如 n-gram 的切法有機會掌握到字首字根字尾的片段（這也是 GPT 之類的語言模型有機會造出新英文字的理由），但是對於中文來說，這樣的切法就有一些問題了。中文不像英文有空格隔開每個詞語，而且通常是用 UTF-8 來進行編碼，可能會用到 2 個以上的 Byte 來表示一個中文字。但如果以固定 2 個 Byte 來切分，有些中文字會被切得很奇怪，切出來的片段有可能會變成亂碼，不會有英文字首字根字尾的效果，更別說要切出中文字部首之類的元素了（如果中文先轉成倉頡碼再來切分 token，或許會有意想不到的效果 ^_^）。總之，Token 化的做法在中文的處理上，算是一個比較迥異於英文的部分，也是一個具有特殊處理潛力的部分，這點實在有需要特別說明一下（補充一下，GPT-4o 在中文方面有個很重要的改進，就是把中文的 token 化做得更好了）。

- **Session**：這個單詞常被翻譯成「對話」。如果用電話來舉例，session 就像是打一通電話，而掛掉電話就相當於一個 session 結束了。在網路瀏覽的過程中，session 結束的點比較沒那麼明確，不過它仍有「在一段時間內保持通訊」的意思。由於在中文裡找不到非常適當的對應用語，但資訊科學領域裡的人應該都明白它的意思，所以這裡姑且保留原文，不做翻譯。

- **Lemmatization（單詞原形化）與 Stemming（詞幹擷取）**：單詞原形化（Lemmatization）就是把單詞化為原型，詞幹擷取（Stemming）則是直接切除單詞前後的一些變形，例如切除 ed、ing、er、est 之類的東西。Lemmatization 比較要求轉換的正確合理性，處理起來可能比較費功夫；Stemming 比較要求處理上的簡單迅速性，不過有可能會切出奇怪的結果。

以上就是我在翻譯本書過程中，覺得有必要特別說明一下的翻譯相關事項。最後期待各位能在本書受益。

藍子軒

前言

我們很高興看到你的加入，一起來為機器學習（ML；Machine Learning）系統設計的面試做出更完善的準備。在 ML 相關的各類面試中，ML 系統設計可說是最具有挑戰性的主題之一，如果想成功通過面試，事前的準備真的非常重要。

ML 系統設計面試，究竟是指什麼呢？

在應徵工作時，只要工作的內容涉及 ML 系統的設計和實作，應試者通常就要進行 ML 系統設計面試。這類的職位有可能包括資料工程師、資料科學家、ML 工程師等等。

ML 系統設計面試主要是想評估應試者有多少能力，能否設計出一些端對端的 ML 系統（例如視覺搜尋、影片推薦、廣告點擊的預測系統等等）。ML 系統設計面試的考題，往往相當具有挑戰性，因為這些考題通常都缺乏清晰的結構：題目通常不會有很明確的答案，所涵蓋的主題範圍也比較廣泛，所以很可能有多種不同的解釋方式與解法。

如果想要順利通過 ML 系統設計面試，就必須充分瞭解 ML 的一些基本概念和技術，還要能運用並解決實際的問題。你必須在面試過程中展現出各種知識（包括資料處理流程、特徵工程技術等），才能設計出真正有效的 ML 系統。你可能要針對給定的問題，挑選出適當的模型，並懂得調整各種參數，還要能評估模型的效能表現。總體來說，面試的目標就是要評估應試者的各種技能，看應試者能不能應用 ML 的理論知識，設計並實作出真正有效的系統。

為什麼這很重要？

在 ML 系統設計面試過程中，大多數應試者應該都已經很理解基礎的知識，但由於缺乏良好的指引，因此還是經常遭遇到各種困難。不過，ML

系統的設計能力，可說是工程師最基本而重要的技能。如果希望個人職業生涯有所進展，這樣的技能尤其重要，因為 ML 系統如果選錯了架構，很可能就會浪費掉大量的時間和資源。

ML 系統設計面試，顯然是招募過程中非常重要的一環。如果能在過程中有出色的表現，往往就能得到更好的就職機會，拿到更高的薪水。

什麼人應該閱讀本書？

只要對 ML 系統設計有興趣，無論是初學者還是經驗豐富的工程師，本書都是必不可少的絕佳資源。如果你正打算準備參加 ML 面試，本書就是為你而寫的。

本書並不是……

本書並不是一本介紹機器學習基礎知識的書籍。相反的，本書是為了幫助那些想要尋求額外資源、想要準備 ML 系統設計面試的資料科學家、資料工程師和 ML 工程師，所寫成的一本書。本書主要是針對一般企業裡的 ML 工程師，而不是針對學術界或產業研究實驗室裡的 ML 科學家。

額外的資源

本書每章的最後都會提供許多參考資料。在下面的 GitHub 程式碼儲存庫裡，彙整了所有可點閱的相關連結。

https://bit.ly/ml-bytebytego

致謝

我們很希望可以大聲地說,本書的每個設計都是我們的原創。不過實際上本書所討論到的大多數想法,都可以在其他地方找到(例如一些工程部落格、研究論文、程式碼、YouTube 簡報或其他地方)。我們收集了許多優雅的想法,做了相當程度的思考,然後再加入個人的見解和經驗,最後以一種淺顯易懂的方式呈現在本書之中。本書是經過十幾位工程師和管理人員的大力投入與審閱所寫成的。在此謝謝大家,真的非常感謝!

- B Sridevi(Vishnu 理工學院)

- Da Cheng(Tiktok)

- Dewang Sultania(Adobe)

- Diala Ezzeddine(Tao Media)

- Dimitris Kotsakos(Elastic)

- Jianqiang Wang(Snapchat)

- Jiaying Shi(Amazon)

- Justin Li(Discord)

- Kalyan Deepak(Flipkart)

- Kaustubh Phadnis(Walmart)

- Li Xu(TikTok)

- Ravi Mandliya(Discord)

- Ravi Ramchandran(Walmart Labs)

- Rohit Jain(Twitter)

- Sarang Metkar(Meta)

- Shabaz Patel(One Concern)

- Shuo Xiang（Parafin）

- Subham Kumar（Amazon）

- Topojoy Biswas（Walmart）

- Vineet Ahluwalia（Stanford）

- Xiao Zhu（Databricks）

- Yuanjun Yang（Twitter）

- Zhehui Wang（Amazon）

最後（但絕非最不重要），我要特別感謝 Elvis Ren、Hua Li 和 Sahn Lam
寶貴的貢獻。

簡介與概述

我們之所以寫這本書，主要是想協助機器學習（ML；Machine Learning）工程師和資料科學家，能夠順利通過 ML 系統設計的面試。對於任何想學習如何在現實世界裡善用 ML 高階概念的人來說，本書也是很有幫助的。

許多工程師都以為，像是邏輯迴歸（logistic regression）、神經網路（neural network）之類的 ML 演算法，大概就是 ML 系統的全部了。不過，真正的 ML 系統，絕不僅僅是模型的開發而已。ML 系統通常很複雜，由許多組件所組成，其中包括管理資料的資料堆疊（data stack）、讓系統可以供好幾百萬人使用的伺服基礎設施、衡量系統表現的評估管道，以及確保模型表現不會隨時間遞減的監控做法等等。

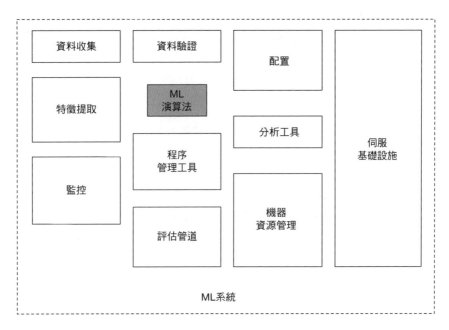

圖 1.1　一個可正式上線的 ML 系統所包含的各種組件

在 ML 系統設計面試過程中，你必須能夠回答一些開放式的問題。舉例來說，你可能會被要求設計出一套電影推薦系統，或是一個影片搜尋引擎。這類問題根本就沒有標準答案。面試官想要評估的是你思考的過程、你對各種 ML 主題的理解有多深、你設計出一整套端到端系統的設計能力，以及你在各種不同的設計選項之間，如何權衡並做出取捨。

如果想成功設計出複雜的 ML 系統，先有一套可依循的框架就很重要。非結構化的做法，只會讓整個設計流程變得非常難以依循。在本章的簡介中，我們會先提出一套本書所採用的框架，以解決 ML 系統設計相關的各種問題。這整套框架是由下面這幾個關鍵的步驟所組成：

1. 把各種要求明確化

2. 用框架把問題轉化成 ML 任務

3. 資料的準備

4. 模型的開發

5. 進行評估

6. 進行部署並提供服務

7. 監控與基礎設施相關考量

圖 1.2　ML 系統設計的步驟

ML 系統設計面試每次的過程肯定不盡相同，因為題目往往是開放式的，並沒有一體適用的做法。本書的框架主要是希望協助你建立自己的想法，不過你並不需要嚴格遵循這個框架。要懂得變通、保持彈性。如果面試官很明顯對於模型的開發比較感興趣，你也許就要特別留意他所關注的重點。

接著我們就來檢視一下，這個框架裡的每一個步驟吧。

把各種要求明確化

ML 系統設計方面的題目，通常會故意講得不太明確，只透露出極少的資訊。舉例來說，面試的題目可能長這樣：「設計出一個活動推薦系統」。而我們的第一個步驟，就是要提出幾個能把整件事明確化的問題。但是，究竟該問什麼樣的問題呢？呢……我們所提出的問題，應該要讓我們能夠確切瞭解真正的需求。以下就是可以協助我們找出頭緒的幾類問題：

- **商業上的目標。**如果我們被要求建立一個「短期租屋推薦系統」，或許「增加預訂數量」和「增加營收」就是其中兩個可能的動機。

- **系統所要支援的功能。**這個系統預計支援哪一些功能？這一定會影響到我們對於 ML 系統的設計。舉例來說，假設我們被要求設計出一個影片推薦系統。我們或許想知道，使用者能不能針對所推薦的影片，表達出「喜歡」或「不喜歡」的感覺（例如按讚、給評分），而這些互動資料，就可以用來標記（label）我們的訓練資料。

- **資料。**資料的來源有哪些？整個資料集有多大？資料有做過標記嗎？

- **限制。**有多少運算能力可供運用？採用的是雲端系統，還是只能在設備端運行系統？模型需不需要自動隨時間逐步改進？

- **系統規模。**有多少使用者？有多少東西（例如有多少影片）需要處理？這些指標數字的增長率又是如何呢？

- **效能表現。**預測的速度要有多快？解法是否需要即時做出反應？正確率比較重要，還是延遲的問題比較重要？

上面這份列表並不算詳盡，不過你還是可以把它當成一個起點。請注意，其他的面向（例如隱私權和道德考量）可能也蠻重要的。

到了這個步驟結束之時，我們應該就可以預期，對於系統的涵蓋範圍與要求，我們已經與面試官有了一致的看法。如果能把我們所收集到的要求與限制寫成一份清單，通常也是很棒的做法。這樣一來，就可以確保大家都有相同的認知了。

用框架把問題轉化成 ML 任務

在解決 ML 問題的過程中，運用框架把問題進行有效的轉化，是一個極為重要的步驟。假設面試官要求你想辦法提高影片串流平台的使用者參與度。使用者的參與度不夠，當然是個問題，不過這並不能算是一個 ML 任務。我們應該先運用框架，把它轉化成 ML 任務，然後再來解決它。

實際上，一開始我們應該先做個判斷，有沒有必要採用 ML 的做法來解決手中的問題。在 ML 系統設計面試過程中，我們或許可以假設，ML 應該是有用的做法才對。因此，接下來就可以透過以下的做法，用框架把問題轉化成 ML 任務：

- 定義 ML 的目標
- 設定系統的輸入和輸出
- 選擇正確的 ML 類別

定義 ML 的目標

商業上的目標也許是提高 20% 銷售額，或是提高留客率（user retention）。不過這樣的目標並不算是很好的定義，而且我們在訓練模型時，也不能只告訴它「提高 20% 的銷售額就對了」。為了讓 ML 系統能夠解決特定任務，我們必須把商業上的目標，轉化成定義很明確的 ML 目標。一個良好的 ML 目標，其實就是 ML 模型能夠解決的目標。我們先來看一些例子，如表 1.1 所示。在後面的章節中，我們還會看到更多的例子。

表 1.1　把商業上的目標轉化成 ML 目標

各種應用	商業上的目標	ML 目標
活動門票銷售 App	提高門票的銷售量	最大化活動報名人數
影片串流 App	提高使用者的參與度	最大化使用者觀看影片的時間
廣告點擊預測系統	增加使用者的點擊次數	最大化點擊率
社群媒體平台的有害內容偵測	改善平台的安全性	準確預測出內容是否有害
朋友推薦系統	提升使用者拓展人際網路的速度	最大化人與人建立朋友關係的數量

設定系統的輸入和輸出

我們一旦定下 ML 的目標,接著就要定義系統的輸入和輸出。舉例來說,
題目如果是社群媒體平台的有害內容偵測系統,輸入就是一則貼文,輸出
則是這則貼文是否有害。

圖 1.3　有害內容偵測系統的輸入 / 輸出

在某些情況下,系統可能是由一個以上的 ML 模型所組成。如果是這樣,
我們就要為每個 ML 模型設定相應的輸入和輸出。以有害內容偵測為例,
我們或許會用一個模型來偵測暴力相關內容,再用另一個模型來偵測色情
相關內容。整個系統就是靠這兩個模型,來判斷貼文是否有害。

另一個重要的考量因素是,當我們針對各個模型設定輸入和輸出時,有可
能會用到好幾種不同的做法。圖 1.4 顯示的就是一個例子。

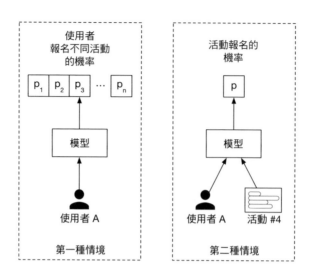

圖 1.4　用不同的方法為模型設定輸入 / 輸出

選擇正確的 ML 類別

用框架把問題轉化成 ML 任務，有很多種不同的做法。大多數問題都可以轉化成圖 1.5 所示的其中一種 ML 類別（也就是其中一個葉節點）。由於這些東西大部分讀者應該都很熟悉了，所以這裡只會簡單說明一下。

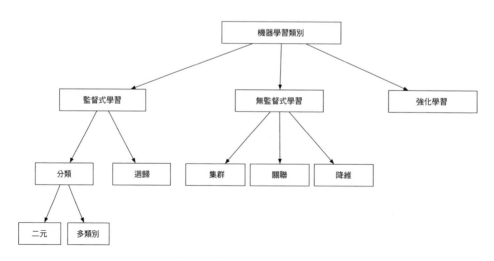

圖 1.5　常見的幾種 ML 類別

監督式學習（Supervised Learning）。監督式學習模型就是利用標記過的訓練組資料，來學習如何完成任務。事實上，許多問題都屬於這一類，因為根據一大堆標記過的資料來進行學習，通常可以帶來比較好的結果。

無監督式學習（Unsupervised Learning）。無監督式學習模型可以處理一大堆並沒有正確答案的資料，然後做出某種預測。無監督式學習模型的目標，就是識別出一大堆資料裡，具有某種意義的特定模式。常用的一些無監督式學習演算法，包括集群（clustering）、關聯（association）、降維（dimensionality reduction）等等。

強化學習（Reinforcement Learning）。在強化學習的做法下，電腦代理程式會透過反覆嘗試錯誤的做法，不斷與環境進行互動，藉此學習如何執行任務。舉例來說，機器人可以用強化學習的方式來進行訓練，學習如何在房間裡到處走動，而像 AlphaGo 這樣的軟體程式，也是利用強化學習的方式，學習如何在圍棋比賽裡與他人競爭。

與監督式學習相較之下，無監督式學習和強化學習系統在現實世界裡並不太常見，因為所要學習的特定任務，如果有訓練資料可供運用，ML 模型的學習效果通常會更好。因此，本書大多數的問題都是靠監督式學習來解決的。接下來我們不妨更仔細來看一下，監督式學習有哪幾種不同的類別吧。

迴歸（Regression）模型。迴歸就是靠一連串數值來進行預測的一種任務。舉例來說，預測房屋售價期望值的模型，就是一種迴歸模型。

分類（Classification）模型。分類就是針對好幾種離散類別進行預測的一種任務。舉例來說，我們可以把輸入的圖片，歸類成「貓」、「狗」或「兔子」等幾種不同的類別。分類模型還可以再細分成下面兩大類：

- **二元（Binary）分類**模型，只能預測出兩種結果。舉例來說，模型只需要預測出圖片裡有沒有狗

- **多類別（Multiclass）分類**模型，則會把輸入分類成很多種不同的類別。舉例來說，我們可以把圖片分類成貓、狗或兔子等幾種不同的類別

在這個步驟裡，你應該要挑選出一個正確的 ML 類別。後面的章節會提供一些範例，告訴你如何在面試時選出正確的類別。

討論要點

- 以下就是我們在面試的這個階段，可能想討論的一些主題：
- 什麼樣的目標，是比較好的 ML 目標？ML 的不同目標之間，應該如何進行比較？各有什麼優缺點？
- 確定 ML 的目標之後，系統的輸入 / 輸出分別是什麼呢？
- 如果 ML 系統牽涉到好幾個模型，各個模型的輸入 / 輸出分別是什麼？
- 任務的學習方式，應該採用監督式學習，還是無監督式學習？
- 究竟是迴歸模型還是分類模型，比較適合用來解決問題？如果要分類，應該採用二元分類還是多分類？如果要進行迴歸，輸出的範圍是什麼？

資料的準備

ML 模型都是直接從資料裡學習，因此這也就表示，具有預測能力的資料對於 ML 模型的訓練至關重要。此階段的目標，就是為 ML 模型準備高品質的輸入資料。這部分主要牽涉到兩個很基本的程序：資料工程（data engineering）和特徵工程（feature engineering）。接下來我們會針對這兩個程序，說明其中幾個重要的面向。

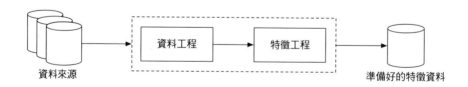

圖 1.6　資料準備程序

資料工程

資料工程指的就是如何設計建構出一些管道,來進行資料的收集、儲存、檢索與處理。這裡先來簡單回顧一下資料工程的基礎知識,瞭解一下我們可能會用到的幾個核心組件吧。

資料的來源

ML 系統可以處理許多來自不同來源的資料。瞭解資料的來源,才能好好回答許多資料背景相關的問題,其中包括:資料是誰收集的?資料有多乾淨?資料的來源可信任嗎?資料是由使用者生成的,還是由系統生成的?

資料儲存方式

資料儲存方式就是所謂的資料庫,它是一種可以長久儲存資料的儲存庫,可以用來管理許多不同的資料集合。我們可以建立不同的資料庫,滿足不同的使用情境,因此很重要的是,要能從比較高的層次去理解不同資料庫的工作原理。在 ML 系統設計的面試過程中,通常並不需要去理解資料庫的內部架構。

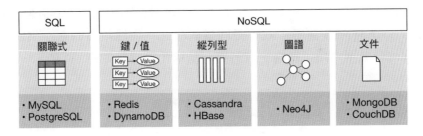

圖 1.7　不同類型的資料庫

資料的提取、轉換與載入(ETL)

ETL(Extract/Transform/Load)包含三個階段:

- **提取**。這個階段會從不同的資料來源提取資料。

- **轉換**。在這個階段,資料通常會被清理、映射並轉換成特定的格式,以滿足操作上的需求。

- **載入**。轉換後的資料會被載入到某個目標位置，有可能是檔案、資料庫或資料倉儲（warehouse）[1]。

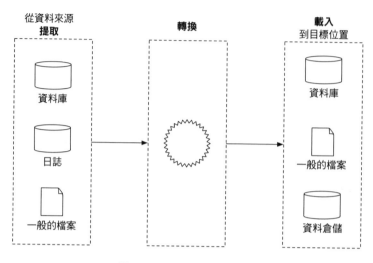

圖 1.8　ETL 程序的概要說明

資料的類型

ML 的資料類型（data type）與程式語言的資料型別（例如 int 整數、float 浮點數、string 字串等等）並不是同樣的概念。從比較高的層次來看，資料類型可分為兩大類：結構化資料與非結構化資料，如圖 1.9 所示。

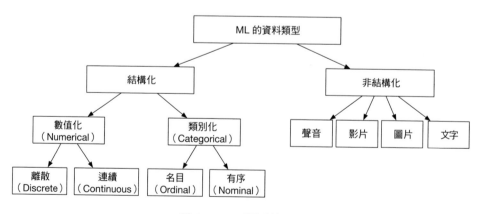

圖 1.9　ML 的資料類型

結構化（Structured）資料會遵循預先定義好的資料架構（schema），非
結構化資料則不然。舉例來說，日期、姓名、地址、信用卡號，或是只
要能用行列表格形式來呈現的內容，全都可視為結構化資料。非結構化
（Unstructured）資料則是一些沒有相對應資料架構的資料，例如圖片、
聲音檔案、影片和文字。表 1.2 總結了結構化資料與非結構化資料之間主
要的差異。

表 1.2　結構化資料與非結構化資料的摘要總結

	結構化資料	非結構化資料
特徵	• 有預先定義好的資料架構（schema） • 很容易進行搜尋	• 沒有特定的資料架構 • 比較難以進行搜尋
可以保存在～	• 關聯式資料庫 • 許多 NoSQL 資料庫都可以保存結構化資料 • 資料倉儲	• NoSQL 資料庫 • 資料湖（Data Lake）
範例	• 日期 • 電話號碼 • 信用卡號碼 • 地址 • 姓名	• 文字檔案 • 聲音檔案 • 圖片 • 影片

如圖 1.10 所示，ML 模型會隨不同資料類型而有不同的表現。理解並釐清
資料屬於結構化還是非結構化，有助於我們在模型的開發步驟裡，挑選出
更合適的 ML 模型。

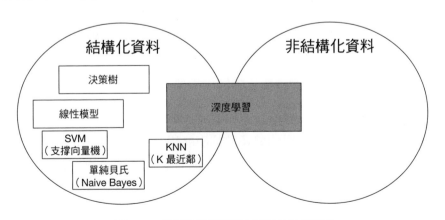

圖 1.10　結構化與非結構化資料的各種模型

數值化資料

數值化（Numerical）資料指的就是用數字來表示的資料點。如圖 1.9 所示，數值化資料可分為連續（continuous）數值化資料與離散（discrete）數值化資料。舉例來說，房價可以被視為連續的數值，因為房價可以在一定範圍內取任何的數值。相較之下，過去一年所銷售的房屋數量，則可被視為離散數值化資料，因為它只有可能是一個離散的整數值。

類別化資料

類別化（Categorical）資料指的是可以根據所指定的名稱或標籤，來進行儲存與識別的資料。舉例來說，性別就是一種類別化資料，因為它的值只能在有限的範圍內選擇。類別化資料可以再細分成兩大類：名目（nominal）資料以及有序（ordinal）資料。

名目資料指的是類別之間沒有數值關係的資料。舉例來說，性別就是一種名目資料，因為「男性」和「女性」並沒有數值關係。有序資料則是指具有預先定義好的順序或可依序排列的資料。舉例來說，如果只能從「不開心」、「不好不壞」、「很開心」這三個值取其中的某個值，這種可依次排列的資料，就是有序資料的一個例子。

特徵工程

特徵工程（Feature Engineering）包含了兩個程序：

- 運用特定領域的知識（domain knowledge），在原始資料裡進行選擇，提取出某些具有預測性的特徵

- 把這些具有預測性的特徵，轉換成模型可運用的格式

挑選出合適的特徵，可以說是開發和訓練 ML 模型時最重要的決策之一。特徵工程在這個階段最重要的就是挑選出能夠帶來最大價值的特徵。這非常需要仰賴特定領域相關的專業知識，而且與任務本身也有很大的相關性。為了協助你掌握這個程序，我們會在本書提供許多的範例。

一旦選出一些具有預測性的特徵，再來就是運用特徵工程的一些操作方式，把這些特徵轉換成適當的格式 —— 下面就來看看有哪些操作方式吧。

特徵工程的一些操作方式

我們所挑選出來的特徵，其中有一些並不是模型可直接運用的格式。這其實是很常見的情況。特徵工程有一些操作方式，可以把那些挑選出來的特徵，轉換成模型可運用的格式。這其中包括遺漏值的處理、針對具有偏態（skewed）分佈的值進行尺度上的調整，以及針對類別化特徵進行編碼等等。下面所列的幾項雖然不是很全面，但其中確實包含了結構化資料最常見的一些操作方式。

遺漏值的處理

現實環境下所取得的資料，經常會遺漏掉一些值，這通常可以透過兩種方式來解決：直接刪除掉，或是用插補的方式把數值補上。

刪除。這種操作方式會把特徵裡出現遺漏值的紀錄全都刪除掉。刪除方式還可以分為兩種：橫行（row）刪除、縱列（column）刪除。如果某個縱列遺漏了太多特徵值，在縱列刪除的做法下，我們就會把相應的整個縱列刪除掉。至於橫行刪除的做法，只要同一橫行的資料裡有太多遺漏值，我們就會把整個橫行刪除掉。

		資料					資料		
ID	特徵#1	特徵#2	特徵#3	特徵#4		ID	特徵#1	特徵#3	特徵#4
1	2	無數值	6	6		1	2	6	6
2	9	無數值	8	7		2	9	8	7
3	18	無數值	11	21		3	18	11	21
4	2	11	5	6		4	2	5	6

圖 1.11　縱列刪除

刪除做法的缺點，就是會讓原本可用來訓練模型的資料量變少。這樣實在不太理想，因為 ML 模型若能接觸到更多的資料，往往能達到更好的效果。

插補（Imputation）。另一種替代做法，就是用插補的方式來估算一下，然後用它來填補掉那些遺漏的值。其中一些比較常見的做法，包括：

- 利用某個預設值來填補遺漏值

- 利用平均數、中位數或眾數（也就是最常見的值）來填補遺漏值

插補做法的缺點，就是有可能會給資料帶進某種雜訊。值得一提的是，實際上並沒有什麼做法，能夠完美處理遺漏值的問題，因為每一種做法各有優缺點。

特徵值的跨度調整

特徵值的跨度調整（Feature Scaling），就是把特徵值的跨度，調整到某個標準範圍與分佈的一種處理程序。我們先來看一下，為什麼特徵值會需要進行跨度調整。

有很多的 ML 模型，一旦遇到資料集裡的特徵值分別落在不同範圍的情況，就很難學會如何完成任務。舉例來說，年齡、收入等等這些特徵值，就很有可能分別落在不同的數值範圍。此外，如果特徵的分佈有偏斜（skewed）的情況，有些模型也很難完成學習任務。如果想調整特徵值的跨度，有哪些技術可運用呢？我們就來看看吧。

正規化（Normalization；最大 / 最小值跨度調整）。這個做法會利用下面的公式，把所有特徵值全都調整到 [0, 1] 的範圍內：

$$z = \frac{x - x_{最小值}}{x_{最大值} - x_{最小值}}$$

請注意，正規化處理並不會改變特徵值的分佈。如果想要改變特徵值的分佈，讓特徵值呈現出標準的常態分佈，則要進行「標準化」（Standardization）處理。

標準化（Standardization；Z 分數正規化）。標準化就是把特徵值的分佈調整成平均值為 0、標準差為 1 的處理程序。針對特徵值進行標準化調整時，會用到下面這個公式：

$$z = \frac{x - \mu}{\sigma}$$

其中的 μ 是特徵值的平均值，σ 則是標準差。

對數跨度調整（Log Scaling）。 如果我們想降低特徵值分佈的偏斜程度（skewness），就可以運用「對數跨度調整」這個常用的技術，其公式如下：

$$z = \log(x)$$

進行了對數轉換之後，資料的分佈就不會再那麼偏斜，這樣就可以讓最佳化演算法更快速收斂起來了。

離散化（Discretization）

所謂的離散化（Discretization；英文也叫 Bucketing，也就是分桶的意思），就是把原本連續型的特徵，轉換成類別化特徵的一種程序。舉例來說，我們可以把原本屬於連續型特徵的許多身高資料，用離散的方式分成好幾桶（bucket，也就是分成好幾大類），然後各桶再用一個具有代表性的身高值，來代表整桶的資料。這樣一來，模型就只需要專心學習數量有限的幾個類別，而不用再去學習數量無限多的各種可能值了。

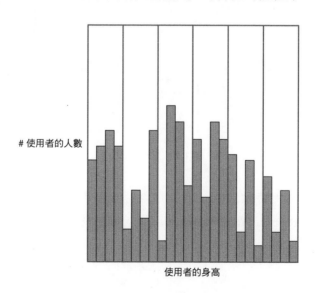

圖 1.12　把使用者的身高分成離散的 6 桶

15

就算原本已經是離散型特徵，還是可以再進行離散化處理。舉例來說，使用者的年齡本身就是一個離散型特徵值，不過只要再次進行離散化處理，就能更進一步減少類別的數量，如表 1.3 所示。

表 1.3　針對年齡數字這個屬性，進行離散化處理

桶號	年齡範圍
1	0 - 9
2	10 – 19
3	20 – 39
4	40 – 59
5	60+

對類別化特徵進行編碼

在大多數的 ML 模型中，所有輸入與輸出全都必須是「數值」的形式。這也就表示，如果遇到類別化特徵，就要先把它編碼成數值的形式，再送進模型中。把類別化特徵轉換成數值化的表達方式，常見做法有三種：整數編碼、one-hot 編碼，以及內嵌學習（embedding learning）。

整數編碼。針對每一個不重複的類別，指定一個相應的整數值。舉例來說，可以用 1 來表示「優秀」，2 表示「良好」，3 表示「差勁」。如果各個類別與這些整數值存在某種很自然的對應關係，這種做法就蠻好用的。

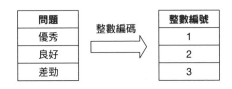

圖 1.13　整數編碼

不過，如果類別化特徵之間沒有順序關係，整數編碼就不是一個好選擇了。我們接下來所要討論的 one-hot 編碼，則是解決了這個問題。

One-hot 編碼。只要採用這種技術，就能把每個獨一無二的值，改用一堆二元特徵值來表示。如圖 1.14 所示，我們把原本的特徵值（三種顏色）轉成三個二元特徵值（分別對應紅、綠、藍）。例如「紅色」這個資料點，就被轉換成「1, 0, 0」了。

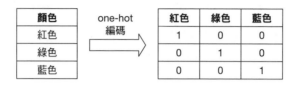

圖 1.14　one-hot 編碼

內嵌學習。類別化特徵的另一種編碼方式就是「內嵌學習」。所謂的內嵌（embedding）就是把類別化特徵對應到一個 N 維的向量。內嵌學習會透過學習的過程，針對每個獨一無二的類別化特徵，找出可採用的 N 維向量。如果這些不重複的特徵值數量非常龐大，這樣的做法就很好用。因為在這樣的情況下，要是採用 one-hot 編碼的做法，向量長度就會變得非常冗長，因此並不是很好的選擇。我們在後面的章節中，還會看到更多的例子。

討論要點

以下就是我們在面試的這個階段，可能會討論到的一些主題：

- **可運用的資料，以及資料的收集**：有哪些資料來源？我們可以取得哪些資料？如何收集這些資料？資料量有多大？出現新資料的情況有多頻繁？

- **資料的儲存**：目前資料儲存在何處？在雲端還是在使用者的設備中？哪一種資料格式比較適合用來儲存資料？該如何儲存多模態（multimodal）資料（例如同時包含圖片和文字的資料點）？

- **特徵工程**：如何把原始資料處理成模型可運用的形式？資料有遺漏該怎麼辦？這個任務需要進行特徵工程嗎？我們要採用哪些操作方式，把原始資料轉換成 ML 模型可運用的格式？我們需要把特徵正

規化嗎？我們應該根據原始資料建構出哪些特徵？我們打算怎麼組合不同類型的資料（例如文字、數字和圖片）？

- **隱私：**可取得的資料有多敏感？使用者會不會很在意自己的資料隱私？使用者的資料是否需要匿名化？可不可以把使用者的資料保存在我們的伺服器中，還是只能在使用者的設備端存取他們的資料？

- **特定的偏向（Bias）：**資料裡是否存在特定的偏向？如果有的話，究竟存在哪幾類特定的偏向？我們該如何進行修正？

模型的開發

所謂模型的開發，就是要挑選出合適的 ML 模型，並訓練它來解決手邊任務的一個程序。

模型的選擇

模型的選擇，就是要針對問題找出最具有預測效果的模型，也就是挑選出最佳 ML 演算法與架構的一個程序。在實務上，一個典型的模型選擇程序如下：

- **先建立一個簡單的基準。**舉例來說，在影片推薦系統中，我們可以先用「推薦最受歡迎的影片」來作為一個比較基準。

- **用簡單的模型來實驗一下。**有了基準之後，其中一個不錯的做法就是先嘗試一些可快速進行訓練的 ML 演算法（例如邏輯迴歸）。

- **切換成比較複雜的模型。**如果簡單的模型無法得出令人滿意的結果，就可以考慮採用一些比較複雜的模型（例如深度神經網路）。

- **如果想讓預測更準確，可以嘗試把多種模型整合起來。**不僅只採用一個模型，而是把多個模型整合起來，或許就可以提高預測的品質。我們可以透過以下三種方式來整合模型：Bagging（裝袋）[2]、Boosting（促進）[3]、Stacking（堆疊）[4]；隨後的章節還會再討論這幾個主題。

面試過程中比較重要的就是去探索各種不同的模型，並討論相應的優缺點。以下就是比較典型的一些模型：

- 邏輯迴歸（Logistic Regression）

- 線性迴歸（Linear Regression）

- 決策樹（Decision Tree）

- 梯度促進決策樹（GBDT；Gradient Boosted Decision Tree）與隨機樹林（Random Forest）

- 支撐向量機（SVM；Support Vector Machine）

- 單純貝氏（Naive Bayes）

- 因子分解機（FM；Factorization Machine）

- 神經網路（Neural Network）

在檢視不同模型時，最好簡單說明一下演算法，並討論一下權衡取捨的想法。舉例來說，邏輯迴歸或許是學習線性任務的好選擇，但如果任務很複雜，可能就要選擇不同的模型。在選擇 ML 演算法時，考慮模型的不同面向也很重要。例如：

- 訓練模型所需要的資料量

- 訓練的速度

- 所選擇的超參數，以及超參數調整技術

- 持續學習的可能性

- 計算上的要求。比較複雜的模型或許可以提供更高的正確率，但也可能需要更多的運算能力（例如要改用 GPU 而非 CPU）

- 模型的可解釋性 [5]。比較複雜的模型也許可以提供更好的性能，但結果有可能更難以解釋

實際上並不存在能夠解決所有問題的最佳演算法。面試官最想看的其實是你對不同的 ML 演算法及其優缺點有沒有很好的理解，還有你在不同的需求限制下挑選出合適模型的能力。為了協助提升你選擇模型的能力，本書內容將會涵蓋各種挑選模型的例子。本書會假設你已經很熟悉各種常見的 ML 演算法。如果你想稍微複習一下，請閱讀 [6]。

模型的訓練

選完模型之後，就可以開始訓練模型了。面試到了這個階段，你或許會想討論下面這幾個主題：

- 資料集的建構
- 挑選損失函數
- 從頭開始訓練 vs. 微調的做法
- 分散式訓練

我們就來逐一看看吧。

資料集的建構

在面試過程討論一下如何針對模型的訓練與評估，建構出相應的資料集，通常是個還不錯的好主意。如圖 1.15 所示，資料集的建構可分成 5 個步驟。

圖 1.15　建構資料集的幾個步驟

除了「識別出各種特徵與標籤」之外，其他步驟都是可通用的操作，可以套用到任何 ML 系統設計的任務之中。本章會詳細說明每一個步驟，隨後的章節則會把主要焦點放在「識別出各種特徵與標籤」，因為這個步驟會隨不同任務而各有不同。

收集原始資料

這部分在前面「資料的準備」步驟裡已有廣泛的討論，這裡就不再贅述。

識別出各種特徵與標籤

在「特徵工程」步驟中，我們已經討論過要使用哪些特徵。因此，這裡的重點就是如何為資料標記上各種標籤（label）。標籤有兩種常見的標記方式：手工標記與自然標記。

手工標記。意思就是由一群負責標記的人用手工方式來標記資料。舉例來說，負責標記的人可以標記出貼文裡是否包含錯誤訊息。因為有真正的人類參與此過程，所以手工標記可以得出相當正確的標記結果。不過，手工標記有很多的缺點：這種做法既昂貴又緩慢，而且可能會引入特定的偏見，還需要特定領域的知識，也會對資料隱私構成威脅。

自然標記。在自然標記的做法中，標記所採用的標籤全都是自動推斷出來的，並不需要人工去進行標記。我們來看個例子，就能更理解什麼是自然標記了。

假設我們想要設計出一個 ML 系統，可根據相關性來對各種動態訊息進行排名（rank）。解決此類任務其中一種可能的做法，就是訓練出一個模型，把使用者和貼文當作輸入，然後再輸出「使用者看到貼文之後按讚的機率」。在這樣的情況下，訓練資料就是（使用者，貼文）這樣的一對資料加上相應的標籤。如果使用者給貼文按了讚，標籤就是 1，否則就是 0。這樣我們就可以用一種很自然的方式去標記訓練資料，而不必仰賴人工的方式去進行標記了。

在這個步驟裡，很重要的就是要清楚表達我們如何取得各種訓練標籤，以及最後訓練用的資料看起來是什麼樣子。

選定抽樣策略

想完整收集所有的資料，通常是不切實際的做法。因此，改用抽樣的做法就成為減少系統資料量的一種有效做法。常見的抽樣策略有：方便

（convenience）抽樣、雪球（snowball）抽樣、分層（stratified）抽樣、水塘（reservoir）抽樣和重要性（importance）抽樣。如果想瞭解更多關於抽樣方法的訊息，請參閱 [7]。

對資料進行拆分

資料拆分（Data splitting）就是指分別針對模型的訓練、評估（驗證）與測試，把整個資料集拆分成訓練組資料、評估組（驗證組）資料、測試組資料的一種處理程序。如果想瞭解更多關於資料拆分技術的更多訊息，請參閱 [8]。

解決類別失衡問題

分類標籤帶有某種偏頗的資料集，就是所謂的失衡（imbalanced）資料集。在資料集內所佔比例很大的類別，就稱之為多數類，所佔比例很小的類別，則稱之為少數類。

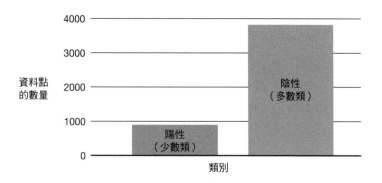

圖 1.16　被分成兩類的一個失衡資料集

在訓練模型時，資料集失衡是一個蠻嚴重的問題，因為這也就表示，模型可能沒有足夠的資料，來學習少數類的情況。有好幾種不同的技術，可以用來緩解這個問題。我們就來看看兩個常見的做法：一個是對訓練資料進行重新抽樣，另一個則是改變損失函數。

訓練資料重新抽樣

重新抽樣（Resampling）指的就是調整不同類別之間的比例，讓資料更均衡的一種處理程序。舉例來說，我們可以對少數類進行「多抽樣」（oversample；圖 1.17），或對多數類進行「少抽樣」（undersample；圖 1.18）。

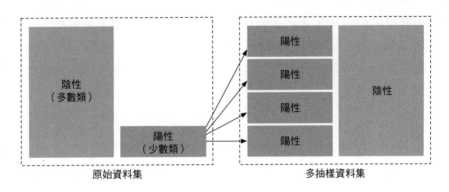

圖 1.17　對少數類進行多抽樣

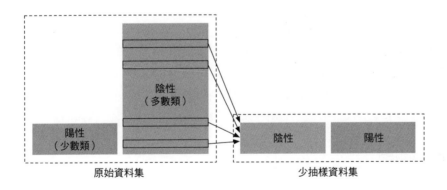

圖 1.18　對多數類進行少抽樣

改變損失函數

這個做法會去改變損失函數，讓它有更強的穩健性，去抵擋類別失衡的情況。這個想法從比較高的角度來看，就是針對少數類的資料點，給予更多的權重。由於少數類在損失函數裡有比較高的權重，萬一模型對少數類做

出錯誤預測，模型就會受到比較大的懲罰。這樣就可以迫使模型在學習少數類時，變得更有效率。緩解類別失衡的兩種常用損失函數，分別是類別平衡（class-balanced）損失函數 [9]，以及焦點（focal）損失函數 [10] [11]。

挑選損失函數

資料集建構完成之後，我們還要挑選出合適的損失函數來訓練模型。損失函數所要衡量的是，模型所預測的結果究竟有多麼正確。有了損失函數，最佳化演算法就可以在訓練過程中逐步更新模型的參數，讓損失盡可能最小化。

想要設計出一個全新的損失函數，並沒有那麼容易。在 ML 面試過程中，面試官通常會看你如何用框架轉化問題，然後再從一堆現成的損失函數裡挑選出其中一個損失函數。有時你或許要針對損失函數進行小小的修改，才能把它套用到相應的問題中。我們在隨後的章節中，還會提供更多的例子。

從頭開始訓練 vs. 微調的做法

簡單討論一下究竟應該從頭開始訓練，還是採用微調的做法，這個主題或許還蠻有意義的。微調的意思就是只針對學習的參數進行小小的修改，再持續根據新的資料來訓練模型。這是一個設計上的決策，你或許要跟面試官討論一下。

分散式訓練

大規模訓練變得越來越重要，因為近來模型變得越來越大，資料集的大小也在急劇增加。分散式訓練通常就是把工作分配給多個工作節點（worker node），藉此方式來訓練模型。這些工作節點會以平行的方式各自運行，以加快模型的訓練速度。分散式訓練主要有兩種類型：資料平行化 [12]、模型平行化 [13]。

我們可能要根據想解決的任務，考慮是否需要採用分散式訓練的做法。在這裡比較重要的是，應該針對這個主題與面試官進行討論。請注意，分散式訓練是一個蠻通用化的主題，無論是什麼樣的任務，你都可以試著談一談這個主題。

討論要點

以下列出了一些討論的要點：

- **模型的選擇**：哪些 ML 模型比較適合該任務，分別有什麼優缺點。以下就是模型選擇過程中所要考慮的幾個主題：

  - 訓練所需的時間

  - 模型所預期的訓練資料量

  - 模型可能會用到的運算資源

  - 模型在進行推論時的時間延遲問題

  - 模型能否部署在使用者的設備上？

  - 模型的可解釋性。比較複雜的模型或許會有比較好的表現，但也可能更難以解釋

  - 我們能否採用持續訓練的做法，還是應該從頭開始進行訓練？

  - 模型有幾個參數？需要多少記憶體？

  - 以神經網路來說，你或許想討論幾種比較典型的架構／模塊（例如 ResNet 或是 Transformer 型的架構）。你也可以討論一下超參數的選擇，例如隱藏層的數量、神經元的數量、激活函數（activation function）等等。

- **資料集的標籤**：我們該如何取得資料所標記的各種標籤？資料都已經做好標記了嗎？如果有標記，那些標記做得好不好呢？如果有自然標記，我們該如何取得標記的結果？我們如何接收使用者回饋給系統的東西？想取得自然標記的結果，需要多長的時間？

- **模型的訓練：**

  - 我們該選擇哪一個損失函數？（例如交叉熵（Cross-Entropy）[14]、MSE 均方差 [15]、MAE 平均絕對誤差 [16]、Huber 損失函數 [17] 等等）

  - 我們該採用哪一種正則化（regularization）做法？（例如 L1 [18]、L2 [18]、熵正則化 [19]、K 折交叉驗證（K-fold CV）[20]、隨機拋棄（dropout）[21]）

  - 什麼是反向傳播（backpropagation）？

  - 你可能要說明一下幾種常見的最佳化方法 [22]，例如 SGD（隨機梯度遞減）[23]、AdaGrad [24]、動量（Momentum）[25] 和 RMSProp [26]。

  - 你想使用哪一種激活函數（例如 ELU [27]、ReLU [28]、Tanh [29]、Sigmoid（S 型）[30]）？為什麼？

  - 如何處理失衡資料集？

  - 偏差 / 方差（bias / variance）之間如何進行權衡取捨？

  - 過度套入（overfitting）與套入不足（overfitting）可能是什麼原因所造成？如何應對這些情況？

- **持續學習（Continual Learning）**：我們想用線上即時產生的每一個最新資料點來訓練模型嗎？需不需要針對每一個使用者，為模型進行個人化調整？我們多久重新訓練一次模型？有些模型需要每天或每個禮拜重新進行訓練，有些模型則可以每個月或每一年重新進行訓練。

進行評估

模型開發之後的下一步就是要進行評估,也就是用不同的指標來瞭解 ML 模型表現的一種程序。我們會在本節檢視兩種評估方式:離線(offline)評估與線上(online)評估。

離線評估

離線評估就是在模型的開發階段,去評估 ML 模型的表現。為了對模型進行評估,我們通常會先用評估組資料(evaluation dataset)來進行預測。接著我們會用各種離線指標,來衡量預測與真實的值接近的程度。表 1.4 顯示的就是各種不同任務常用的一些離線指標。

表 1.4 常見的幾個離線評估指標

任務	離線指標
分類	精確率(Precision)、召回率(Recall)、F1 分數(F1 score)、正確率(accuracy)、ROC-AUC(ROC 曲線下面積)、PR-AUC(PR 曲線下面積)、混淆矩陣(confusion matrix)
迴歸	MSE(均方差)、MAE(平均絕對誤差)、RMSE(均方根差)
排名	精確率 @k、召回率 @k、MRR(排名倒數均值)、mAP(平均精確率均值)、nDCG(正規化折損累積增益)
圖片生成	FID(Fréchet Inception 距離)[31]、Inception 分數(Inception score)[32]
自然語言處理	BLEU [33]、METEOR [34]、ROUGE [35]、CIDEr [36]、SPICE [37]

在面試過程中,很重要的就是要判斷哪一個才是合適的離線評估指標。這件事取決於你所接到的任務本身,以及我們採用什麼框架來轉化任務。舉例來說,如果想要解決排名問題,可能就要探討一下排名相關的指標,並說明一下權衡取捨的想法。

線上評估

線上評估就是在模型部署完成之後,去評估模型在運作狀態下表現如何的一種程序。為了衡量模型所造成的效應,我們需要定義幾個不同的指標。線上指標就是我們在線上評估期間所使用的指標,它通常都與一些商業上的目標有關。表 1.5 顯示的就是各種不同問題常用的幾種指標。

27

表 1.5　各種線上評估可能採用的指標

問題	線上指標
廣告點擊預測	點擊率、營收的提升……
有害內容偵測	盛行率（Prevalence）、有效申訴率（valid appeals）……
影片推薦	點擊率、總觀看時數、完整觀看影片的數量……
朋友推薦	每天請求建立朋友關係的數量、每天接受朋友請求的數量……

實務上，一般公司通常會同時追蹤好幾個線上指標。在面試過程中，我們往往需要選擇一些最重要的線上指標，來衡量系統所帶來的影響。與離線指標相反的是，線上指標的選擇是很主觀的，具體取決於產品的負責人，以及商業利益的相關人等。

面試官在這個步驟裡，也可以趁機評估一下你的商業頭腦。因此，好好傳達你的思考過程，以及選擇某些指標的理由，這對於你的面試一定很有幫助。

討論要點

以下就是評估步驟的一些討論要點：

- **線上指標：**如果想要在線上衡量 ML 系統的有效性，有哪一些指標特別重要？這些指標與商業上的目標有什麼關係？

- **離線指標：**在模型的開發階段，有哪些離線指標特別適合用來評估模型的預測結果？

- **公平性與特定的偏見：**模型有沒有可能在年齡、性別、種族等不同方面存在某種特定的偏見？你會如何解決這類問題？如果懷有惡意的人試圖存取你的系統，會發生什麼狀況？

進行部署並提供服務

選定適當的線上／離線評估指標之後，下一步自然就是把模型部署到正式線上環境中，為好幾百萬使用者提供服務。這裡需要涵蓋的一些重要主題包括：

- 雲端部署 vs. 設備端部署
- 模型壓縮
- 正式環境下的測試
- 預測的管道

我們就分別來看一下吧。

雲端部署 vs. 設備端部署

在雲端部署模型，與行動設備端部署模型的情況並不相同。表 1.6 總結了雲端部署和設備端部署之間的主要差異。

表 1.6　雲端與設備端部署之間的權衡取捨

	雲端	設備端
簡單性	✓ 雲端服務很容易進行部署和管理	✗ 在設備端部署模型並不簡單
成本	✗ 雲端的成本有可能很高	✓ 在設備端執行運算，不會有雲端成本
網路延遲	✗ 存在網路延遲	✓ 無網路延遲
推論延遲	✓ 由於機器通常比較強大，所以推論的速度比較快	✗ ML 模型的運行速度比較慢
硬體限制	✓ 比較少的限制	✗ 比較多限制，例如有限的記憶體、電池的消耗等等。
隱私	✗ 由於使用者的個人資料會被傳輸到雲端，所以隱私性比較低	✓ 隱私性比較高，因為資料絕不會離開設備
對網路連線的依賴	✗ 需要網路連線才能傳送接收資料	✓ 不需要網路連線

模型壓縮

模型壓縮指的是縮小模型的一種處理程序。如果想降低推論的延遲問題和模型的大小，這就是一個必要的程序。通常會使用三種技術，來對模型進行壓縮：

- **知識蒸餾（Knowledge Distillation）**：知識蒸餾的目標，就是訓練出一個小模型（學生），來模仿一個比較大的模型（老師）。

- **修剪（Pruning）**：修剪的意思就是找出最沒用的參數，再把它設為零的一種處理程序。這樣會導致模型變得更稀疏，因此就可以用更有效率的方式來儲存模型了。

- **量子化（Quantization）**：模型的參數通常都是用 32 位元的浮點數來表示。在量子化的處理程序中，我們會用比較少的位元來表示這些參數，從而降低模型的大小。量子化處理可以在訓練期間進行，也可以在訓練完之後才進行 [38]。

如果想瞭解更多關於模型壓縮的訊息，建議你可以去閱讀 [39]。

正式環境下的測試

為了確保模型在正式環境下能有良好的表現，唯一的方法就是用真實的流量來進行測試。模型測試的常用技術，包括影子部署（shadow deployment）[40]、A/B 測試 [41]、金絲雀發佈方式（canary release）[42]、交叉實驗 [43]、半賭半算吃角子老虎機（bandits）[44] 等等。

在面試過程中，如果想證明自己確實很瞭解如何在正式環境下進行測試，上面的做法至少要提到其中一種才行。我們就來簡單回顧一下影子部署和 A/B 測試好了。

影子部署

在這種做法下，除了現有模型之外，我們還會以平行方式部署另一個新模型。每一個送進來的請求，都會透過路由分別送入兩個模型。不過，只有現有模型的預測結果會被提交給使用者。

有了影子部署模型，我們就可以最大程度降低不可靠的預測所造成的風險，直到新開發的模型完成徹底的測試為止。不過，這是一種成本很高的做法，因為這樣會讓預測的數量增加一倍。

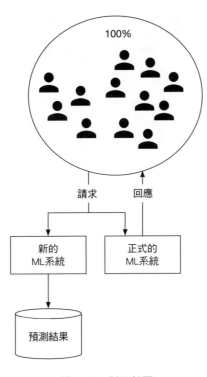

圖 1.19　影子部署

A/B 測試

我們也可以透過這種做法，在現有模型之外，以平行方式部署另一個新模型。不過，我們會透過路由，把其中一部分的流量送入新開發的模型，至於其餘的請求，則依舊送入現有的模型。

若要正確執行 A/B 測試，就要考慮兩個重要的因素。第一，透過路由送入各個模型的流量，必須是隨機的。第二，執行 A/B 測試時，應該要有足夠數量的資料點，這樣才能得到合理的結果。

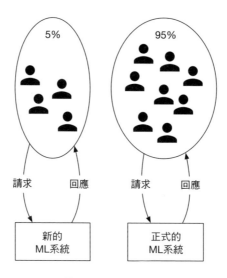

圖 1.20　A/B 測試

預測的管道

為了滿足正式環境下的請求,我們需要有一個預測的管道。這裡所要做出的一個重要設計決策,就是在「線上預測」和「批量預測」兩者之間做出選擇。

批量預測(Batch prediction)。 批量預測的做法,就是讓模型定期進行預測。由於預測是預先計算出來的,所以我們不必擔心模型的預先計算需要花多長的時間,才能生成預測的結果。

不過,批量預測的做法有兩個主要的缺點。第一,這樣的模型面對使用者不斷變化的偏好,回應能力可能會比較差。第二,我們一定要事先知道,需要預先計算哪些東西,這樣才有可能進行批量預測。舉例來說,語言翻譯系統就無法事先進行翻譯,因為這個系統必須靠使用者的輸入,才能決定後面要進行什麼動作。

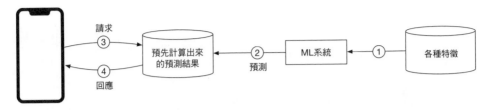

圖 1.21　批量預測的工作流程

線上預測。 在線上預測的做法下，系統一旦收到請求，就會立刻生成並送回預測的結果。線上預測主要的問題就是，模型可能需要很長的時間才能生成預測結果。

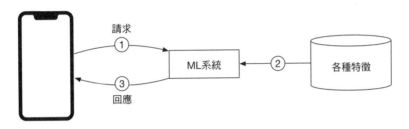

圖 1.22　線上預測的工作流程

究竟該選擇批量預測還是線上預測的做法，主要是根據產品的需求。如果我們並不知道需要事先計算哪些東西，這種情況通常就應該採用線上預測的做法。如果系統需要處理大量的資料，而且並不需要即時提供結果，批量預測的做法就是理想的選擇。

如前所述，真正的 ML 系統，並不會只是關注 ML 模型的開發而已。在面試過程中提出具有整體性的 ML 系統設計，可以展現出你對不同組件如何整合協作的深刻理解。面試官通常都會把這視為一個很重要的信號。

圖 1.23 顯示的就是一個個人動態訊息系統的 ML 系統設計範例。我們隨後就會在第 10 章更深入檢視這個系統。

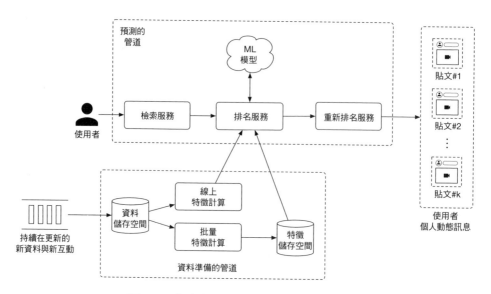

圖 1.23　個人動態訊息系統的 ML 系統設計圖

討論要點

- 推論過程應該在哪裡進行計算：在雲端還是在設備端？

- 需不需要進行模型壓縮？常用的壓縮技術有哪些？

- 比較適合採用線上預測還是批量預測？有哪些東西需要進行權衡取捨？

- 能否即時存取各種特徵？會有什麼樣的挑戰？

- 我們該如何在正式環境下，針對所部署的模型進行測試？

- ML 系統是由各種組件所組成，這些組件如何協同合作，為各種請求提供服務？

- 所提出的設計中，每一個組件的職責是什麼？

- 我們應該使用哪些技術，以確保服務的速度很快，而且可以進行擴展？

監控

監控（Monitoring）指的就是追蹤、測量、記錄各種不同指標的任務。在正式環境下的 ML 系統，可能會因為很多種原因而出問題。監控有助於在系統發生問題時檢測到故障的情況，以便盡快進行修復。

在 ML 系統設計面試過程中，監控是很重要的一個討論議題。你或許會想討論以下兩個主要的領域，分別是：

- 為什麼系統在正式環境下會出問題？
- 要監控哪些東西？

為什麼系統在正式環境下會出問題？

ML 系統部署到正式環境之後，可能會出問題的理由其實還蠻多的。最常見的理由之一，就是資料分佈偏移（data distribution shift）了。

資料分佈偏移的意思就是，模型在正式環境下所遇到的資料，與訓練時所遇到的資料並不相同。圖 1.24 顯示的就是一個範例，其中訓練資料全都是側視圖所看到的杯子圖片，但是在系統提供服務時，送入 ML 模型的圖片卻是各種不同角度的杯子圖片。

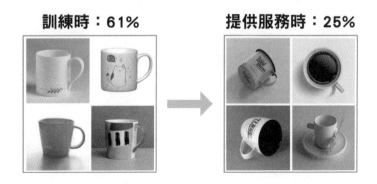

圖 1.24　資料分佈偏移

現實世界裡的資料分佈，總是不斷在變化。換句話說，隨著時間的推移，當初用來進行訓練的資料有可能會變得沒那麼相關。這樣就會導致模型變得過時，表現也會隨時間的推移而逐漸惡化。因此，我們應該持續監控系統，才能發現這種問題。資料分佈偏移的兩種常見處理方式如下：

- 用大型資料集來進行訓練。足夠大的訓練組資料，可以讓模型學習到更全面的分佈情況，因此在正式環境下遇到任何的資料點，更有可能落在這個學習的分佈範圍之內。

- 定期使用最新分佈的標記資料，來重新訓練模型。

要監控哪些東西？

這是個很廣泛的主題，我們在這裡先把焦點放在系統正式上線後的監控技術。我們的目標就是偵測出 ML 系統的故障，並識別出狀況的變化。廣義上來說，我們可以把 ML 系統的監控技術分成兩大類：與操作相關的指標，以及與 ML 相關的指標。

操作相關指標：這些指標可用來確保系統確實在線上正常運作。例如平均服務時間、吞吐量、預測請求數量、CPU/GPU 使用率等等，都屬於這類指標。

ML 相關指標：

- 輸入 / 輸出資料的監控。模型的好壞完全取決於所採用的資料，因此模型輸入 / 輸出資料的監控非常重要。

- 分佈的變化（Drifts）。只要能監控系統的輸入與模型的輸出，就可以偵測出相應分佈的變化。

- 模型的正確率。舉例來說，我們總希望系統的正確率能夠維持在一定的範圍之內。

- 模型的版本。我們也可以監控系統所部署的模型版本。

基礎設施相關考量

基礎設施可說是 ML 系統進行訓練、部署和維護的基礎。

在許多 ML 相關的面試過程中，你通常不會被問到基礎設施相關的問題。不過有一些 ML 相關的職位（例如 ML 系統開發與維護相關人員）可能就需要具備一些基礎設施相關的知識。所以，比較重要的就是要搞清楚面試官對於這方面主題有什麼樣的期待。

基礎設施是一個非常廣泛的主題，實在沒辦法用幾句話來總結。如果你有興趣瞭解 ML 基礎設施相關的更多訊息，請參閱 [45][46][47]。

總結

我們在本章提出了一個 ML 系統設計面試的架構。雖然本章所討論的許多主題都會隨任務差異而有所不同，不過其中還是有一些通用的主題，可以廣泛適用於各種不同的任務。本書隨後只會聚焦於各個問題其中比較獨特的要點進行討論，以避免出現重複的內容。舉例來說，無論是什麼任務，關於部署、監控和基礎設施相關的主題，通常都是很類似的。因此，隨後的章節並不會去重複這些通用的主題。不過，在面試過程中，面試官通常還是會希望你去談一談這些東西。

最後要說明的是，沒有一個工程師能夠在 ML 的各個層面，全都成為非常精通的專家。有些工程師在部署和產品化方面特別在行，有些工程師特別擅長模型的開發。有些公司或許並不關心基礎設施，有些公司則會非常在意監控和基礎設施的考量。資料科學相關職位通常需要瞭解更多資料工程方面的知識，而 ML 應用相關職位則更注重模型的開發和產品化。根據職位的相關性與面試官的偏好，有些步驟或許需要更詳細進行討論，而其他步驟則可能只需要簡短的討論，甚至有可能整個被跳過。一般來說，應試者應該設法推動對話的進行，同時要準備好在面試官提出問題時，能夠隨時跟上面試官的節奏。

現在你已經瞭解這些基礎知識了，所以我們應該算是已經準備好，可以去解決一些最常見的 ML 系統設計面試問題了。

參考資料

[1]　資料倉儲（warehouse）。https://cloud.google.com/learn/what-is-a-data-warehouse。

[2]　整合學習（ensemble learning）裡的 Bagging（裝袋）技術。https://en.wikipedia.org/wiki/Bootstrap_aggregating。

[3]　整合學習裡的 Boosting（促進）技術。https://aws.amazon.com/what-is/boosting/。

[4]　整合學習裡的 Stacking（堆疊）技術。https://machinelearningmastery.com/stacking-ensemble-machine-learning-with-python/。

[5]　機器學習的可解釋性。https://blog.ml.cmu.edu/2020/08/31/6-interpretability/。

[6]　傳統的機器學習演算法。https://machinelearningmastery.com/a-tour-of-machine-learning-algorithms/。

[7]　抽樣策略。https://www.scribbr.com/methodology/sampling-methods/。

[8]　資料拆分技術。https://machinelearningmastery.com/train-test-split-for-evaluating-machine-learning-algorithms/。

[9]　類別平衡損失函數。https://arxiv.org/pdf/1901.05555.pdf。

[10] 焦點損失函數的論文。https://arxiv.org/pdf/1708.02002.pdf。

[11] 焦點損失函數。https://medium.com/swlh/focal-loss-an-efficient-way-of-handling-class-imbalance-4855ae1db4cb。

[12] 資料平行化。https://www.telesens.co/2017/12/25/understanding-data-parallelism-in-machine-learning/。

[13] 模型平行化。https://docs.aws.amazon.com/sagemaker/latest/dg/model-parallel-intro.html。

[14] 交叉熵損失函數。https://en.wikipedia.org/wiki/Cross_entropy。

[15] 均方差損失函數。https://en.wikipedia.org/wiki/Mean_squared_error。

[16] 平均絕對誤差損失函數。https://en.wikipedia.org/wiki/Mean_absolute_error。

[17] Huber 損失函數。https://en.wikipedia.org/wiki/Huber_loss。

[18] L1 和 l2 正則化。https://www.analyticssteps.com/blogs/l2-and-l1-regularization-machine-learning。

[19] 熵正則化。https://paperswithcode.com/method/entropy-regularization。

[20] K 折交叉驗證。https://en.wikipedia.org/wiki/Cross-validation_(statistics)。

[21] 隨機拋棄（Dropout）的論文。https://jmlr.org/papers/volume15/srivastava14a/srivastava14a.pdf。

[22] 最佳化演算法概要說明。https://www.ruder.io/optimizing-gradient-descent/。

[23] 隨機梯度遞減。https://en.wikipedia.org/wiki/Stochastic_gradient_descent。

[24] AdaGrad 最佳化演算法。https://optimization.cbe.cornell.edu/index.php?title=AdaGrad。

[25] 動量（Momentum）最佳化演算法。https://optimization.cbe.cornell.edu/index.php?title=Momentum。

[26] RMSProp 最佳化演算法。https://optimization.cbe.cornell.edu/index.php?title=RMSProp。

[27] ELU 激活函數。https://ml-cheatsheet.readthedocs.io/en/latest/activation_functions.html#elu。

[28] ReLU 激活函數。https://ml-cheatsheet.readthedocs.io/en/latest/activation_functions.html#relu。

[29] Tanh 激活函數。https://ml-cheatsheet.readthedocs.io/en/latest/activation_functions.html#tanh。

[30] Sigmoid 激活函數。https://ml-cheatsheet.readthedocs.io/en/latest/activation_functions.html#softmax。

[31] FID 分數。https://en.wikipedia.org/wiki/Fr%C3%A9chet_inception_distance。

[32] Inception 分數。https://en.wikipedia.org/wiki/Inception_score。

[33] BLEU 指標。https://en.wikipedia.org/wiki/BLEU。

[34] METEOR 指標。https://en.wikipedia.org/wiki/METEOR。

[35] ROUGE 分數。https://en.wikipedia.org/wiki/ROUGE_(metric)。

[36] CIDEr 分數。https://arxiv.org/pdf/1411.5726.pdf。

[37] SPICE 分數。https://arxiv.org/pdf/1607.08822.pdf。

[38] 量子化對於訓練的影響。https://pytorch.org/docs/stable/quantization.html。

[39] 模型壓縮調查。https://arxiv.org/pdf/1710.09282.pdf。

[40] 影子部署。https://christophergs.com/machine%20learning/2019/03/30/deploying-machine-learning-applications-in-shadow-mode/。

[41] A/B 測試。https://en.wikipedia.org/wiki/A/B_testing。

[42] 金絲雀發佈方式。https://blog.getambassador.io/cloud-native-patterns-canary-release-1cb8f82d371a。

[43] 交叉實驗。https://netflixtechblog.com/interleaving-in-online-experiments-at-netflix-a04ee392ec55。

[44] 多臂吃角子老虎機。https://vwo.com/blog/multi-armed-bandit-algorithm/。

[45] ML 基礎設施。https://www.run.ai/guides/machine-learning-engineering/machine-learning-infrastructure。

[46] ML 的可解釋性。https://fullstackdeeplearning.com/spring2021/lecture-6/。

[47] Chip Huyen。《設計機器學習系統：可正式上線應用程式的迭代程序》。O'Reilly 媒體公司，2022 年。

2

視覺搜尋系統

視覺搜尋系統可協助使用者根據所選擇的圖片，找出其他視覺上看起來很類似的圖片。我們在本章設計了一個很類似 Pinterest 網站功能的視覺搜尋系統 [1] [2]。

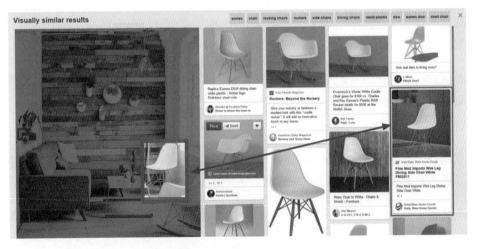

圖 2.1　所找到的圖片，在視覺上看起來很類似所選的截圖

把各種要求明確化

以下就是應試者和面試官之間很典型的一段互動過程。

應試者：我們是否應該把搜尋的結果依照「最相似到最不相似」的順序排列？

面試官：搜尋結果排在越前面的圖片，確實應該與查詢圖片越相似才對。

應試者：這個系統也應該支援影片嗎？

面試官：只要把重點放在圖片就行了。

應試者：在 Pinterest 這類的平台上，使用者可以只從圖片裡切出一小塊，然後再根據它找出相似的圖片。我們需要支援這樣的功能嗎？

面試官：是的。

應試者：所顯示的圖片，需要滿足使用者個人化的需求嗎？

面試官：為了簡單起見，我們不必考慮個人化的需求。無論是誰去進行搜尋，同樣的查詢圖片都只會得出相同的搜尋結果。

應試者：這個模型可以運用所查詢圖片相應的詮釋資料（metadata；例如圖片標籤資訊）嗎？

面試官：在實務的做法中，模型確實會運用到圖片的詮釋資料。不過為了簡單起見，這裡姑且假設不會用到詮釋資料，完全只靠圖片的像素資料來做判斷。

應試者：使用者可以執行其他操作（例如儲存、分享或按讚）嗎？我們可以靠這些操作資料，來為訓練資料進行標記。

面試官：你提了一個很棒的點。不過為了簡單起見，我們假設唯一可支援的操作，就是圖片點擊操作。

應試者：我們應該對圖片進行適度的審查嗎？

面試官：保護平台的安全確實很重要，但內容審查已經超出我們的範圍了。

應試者：我們可以在線上建立訓練資料，並根據使用者互動的情況，來對訓練資料進行標記。這就是我們打算用來建構訓練資料的做法嗎？

面試官：是的，這聽起來是很合理的做法。

應試者：搜尋的速度應該要做到多快？假設我們的平台上有 1~2 千億張圖片，在這樣的情況下，系統應該還是要能快速找出相似的圖片。這樣算是一個合理的假設嗎？

面試官：是的，這是個合理的假設。

我們就來總結一下問題的陳述吧。我們被要求設計出一個視覺搜尋系統。這個系統會根據使用者所提供的查詢圖片，找出其他相似的圖片，並且根據圖片與查詢圖片相似的程度來進行排序，再把結果呈現給使用者。這個平台只能支援圖片查詢，不接受影片、文字查詢。為了簡單起見，並不需要去考慮個人化的需求。

用框架把問題轉化成 ML 任務

我們會在本節選擇一個定義很明確的 ML 目標，然後用框架把這個視覺搜尋問題轉化成 ML 任務。

定義 ML 的目標

為了能夠運用 ML 模型來解決這個問題，我們必須建立一個定義很明確的 ML 目標。其中一個可考慮採用的 ML 目標，就是根據使用者所搜尋的圖片，準確找出視覺上看起來很類似的圖片。

設定系統的輸入和輸出

這個視覺搜尋系統的輸入，就是使用者所提供的查詢圖片。至於系統的輸出，則是一些在視覺上看起來與查詢圖片很相似的圖片，而且系統所輸出的圖片，會按照相似的程度來進行排序。圖 2.2 顯示的就是這個視覺搜尋系統的輸入和輸出。

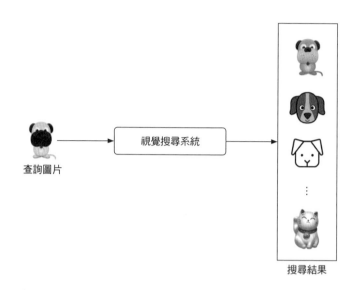

圖 2.2 視覺搜尋系統的輸入 / 輸出

選擇正確的 ML 類別

模型的輸出,就是與查詢圖片很相似、並且按照相似度排序過的一整組圖片。因此,我們可以用框架把這個視覺搜尋系統轉化成一個排名(ranking)問題。一般來說,排名問題的目標就是針對某集合內的每個項目(例如圖片、網站、產品等等),根據各項目與所查詢項目的相關性來進行排名,然後在搜尋結果裡,讓比較相關的項目出現在比較前面的位置。許多 ML 應用(如推薦系統、搜尋引擎、文件檢索和線上廣告)都是用這個框架來轉化成排名問題。本章會用到一種廣泛被運用的做法,也就是所謂的「表達方式學習」(representation learning)。接著我們就來更詳細檢視一下吧。

表達方式學習(representation learning)。 在表達方式學習 [3] 的做法中,訓練過的模型會把輸入資料(例如圖片)轉換成一種叫做「內嵌」(embedding)的表達方式。如果換一種說法,就是模型會把輸入的圖片對應到「內嵌空間」(embedding space)這個 N 維空間裡的其中一個點。這些內嵌全都是經過學習而來;如果是比較相似的圖片,在這個空間裡相

應的內嵌就會比較靠近一點。圖 2.3 可以看到兩張相似的圖片，在內嵌空間裡確實對應到很靠近的兩個點。這裡基於示範的目的，我們只用一個二維空間來呈現每張圖片的內嵌（每張圖片都是用一個「叉叉」來表示）。實際上這個空間應該是 N 維的，其中的 N 就是內嵌向量的維度。

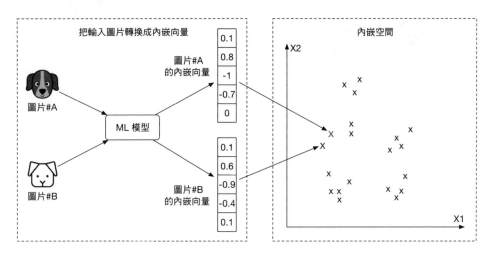

圖 2.3 相似的圖片在內嵌空間裡的情況

如何運用表達方式的學習結果，對圖片進行排序？

首先，輸入的圖片全都會被轉換成內嵌向量。接著，我們可以測量圖片在內嵌空間裡相隔的距離，來計算出查詢圖片與其他圖片之間的相似度（用一個分數來表示）。最後圖片就可以按照相似度的分數來進行排序，如圖 2.4 所示。

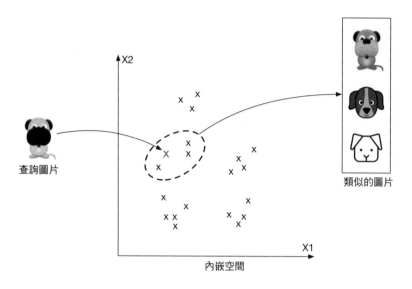

圖 2.4　與查詢圖片很類似的前三張圖片

說明至此，你的心中或許會冒出很多疑問，包括：如何確保相似的圖片在內嵌空間裡確實會靠得很近、如何定義相似度的分數、如何訓練出這樣的模型等等。我們會在隨後「模型的開發」一節詳細討論這些內容。

資料的準備

資料工程

我們除了要瞭解一些可通用的資料工程基礎知識之外，瞭解有哪些資料可運用也是很重要的。由於視覺搜尋系統最主要關注的就是使用者與圖片，因此我們可取得以下這些資料：

- 圖片
- 使用者
- 使用者與圖片的互動

圖片

使用者會上傳圖片，而系統則會儲存圖片與相應的詮釋資料，例如圖片的擁有者 ID、其他相關背景資訊（例如上傳時間），還有各種標籤等等。表 2.1 顯示的就是圖片詮釋資料的一些簡化範例。

表 2.1　圖片的詮釋資料

ID	擁有者 ID	上傳時間	人工添加的一些標籤
1	8	1658451341	斑馬
2	5	1658451841	義大利麵，食物，廚房
3	19	1658821820	兒童、家庭、聚會

使用者

使用者資料就是使用者相應的一些人口統計相關屬性，例如年齡、性別等等。表 2.2 顯示的就是使用者資料的幾個例子。

表 2.2　使用者資料

ID	使用者名稱	年齡	性別	城市	國家	電子郵件
1	johnduo	26	男性	聖荷西	美國	john@gmail.com
2	hs2008	49	男性	巴黎	法國	hsieh@gmail.com
3	alexish	16	女性	里約	巴西	alexh@yahoo.com

使用者與圖片的互動

互動資料包含了各種不同類型的使用者互動資訊。根據之前所收集到的需求，我們最關心的主要互動類型，就是圖片的展示（impression）與點擊（click）。表 2.3 顯示的就是圖片互動資料的一些例子。

表 2.3　使用者與圖片的互動資料

使用者 ID	查詢圖片 ID	顯示圖片 ID	在顯示列表裡的位置	互動類型	位置（緯度、經度）		時間戳
8	2	6	1	點擊	38.8951	-77.0364	1658450539
6	3	9	2	點擊	38.8951	-77.0364	1658451341
91	5	1	2	展示	41.9241	-89.0389	1658451365

特徵工程

面試到了這個階段，你應該談一談如何定義出一些很好的特徵，然後再準備把這些特徵當成模型的輸入。這裡通常要看我們之前用框架把問題轉化成什麼樣的任務，因為那對於模型的輸入有絕對的影響。我們在之前「用框架把問題轉化成 ML 任務」的階段，已經把視覺搜尋系統轉化成排名問題，並決定用表達方式學習的方式來解決問題。具體來說，我們所採用的模型需要用圖片來作為輸入。圖片在送入模型之前，必須先進行一些預處理。接下來可以來看看下面幾個常見的圖片預處理操作方式：

- **重新調整大小**：模型通常會要求輸入固定尺寸的圖片（例如 224 × 224）

- **數值跨度調整**：把圖片像素值的跨度調整至 0 到 1 的範圍內

- **Z 分數正規化**：把像素值的分佈調整成平均值為 0、標準差為 1 的分佈

- **一致的色彩模式**：確保圖片具有一致的色彩模式（例如 RGB 或 CMYK）

模型的開發

模型的選擇

我們選擇的是神經網路，因為：

- 神經網路特別擅長處理非結構化資料（例如圖片和文字）

- 神經網路與許多傳統的機器學習模型不同，它本身就可以生成表達方式學習所需的內嵌

我們應該使用哪一種類型的神經網路架構呢？最重要的是，架構能否搭配圖片使用。CNN 型架構（例如 ResNet [4]）或是最近很紅的 Transformer 型架構 [5]（例如 ViT [6]），這兩個架構搭配圖片作為輸入的表現都還不錯。圖 2.5 顯示的是一個簡化過的模型架構，它會把輸入的圖片轉換成一

個內嵌向量。卷積層的數量、全連接層的神經元數量、內嵌向量的大小，這些超參數通常都是透過實驗而選定的。

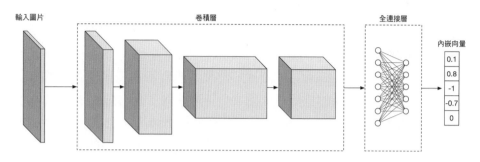

圖 2.5　一個簡化過的模型架構

模型的訓練

為了找出視覺上看起來很類似的圖片，模型必須在訓練期間學習圖片的另一種表達方式（也就是「內嵌」）。我們會在本節討論如何訓練模型，讓它學會圖片的另一種表達方式。

對比訓練（contrastive training）[7] 是學習圖片表達方式的一種常見技術。我們可以用這種技術來訓練模型，區分出相似和不相似的圖片。如圖 2.6 所示，我們先為模型提供一張查詢圖片（在左邊），然後再提供一張與查詢圖片相似的圖片（右邊灰底那張狗的圖片），和一些不相似的圖片（同樣也都在右邊）。在訓練過程中，模型會學習生成某種表達方式，讓圖 2.6 右側那張狗的圖片比其他的圖片更靠近左邊那張查詢圖片。

圖 2.6　對比訓練

為了能夠用對比訓練的技術來訓練模型，我們必須先建立一些訓練資料。

資料集的建構

如前所述，用來進行訓練的每個資料點，其中都包含一張查詢圖片，還有一張與查詢圖片很相似的「陽性」（positive）圖片，和 $n-1$ 張與查詢圖片並不相似的「陰性」（negative）圖片。然後我們會用那張陽性圖片的索引值，來作為這個資料點的標籤。如圖 2.7 所示，除了查詢圖片（圖片 #q）之外，我們還有 n 張其他的圖片，其中有一張與圖片 #q（狗的圖片）很相似，其他 $n-1$ 張圖片則不相似。用來標記這整個資料點的標籤，就是那張陽性圖片的索引值（也就是 2，意思就是圖 2.7 虛線裡 n 張圖片其中的第 2 張圖片）。

圖 2.7　訓練資料點

為了建構訓練資料點，我們會選擇一張查詢圖片，然後隨機選擇 $n-1$ 張不相似的圖片來作為陰性圖片。至於陽性圖片的選擇，我們有以下三種做法：

- 請人類來做判斷

- 利用使用者點擊之類的互動操作，來作為判斷相似性的替代做法

- 根據查詢圖片，用人為方式創建出相似的圖片（即所謂的「自我監督」；self-supervision）

我們接著就來逐一評估每一種做法吧。

請人類來做判斷

這種做法必須靠人類,以人工方式找出相似的圖片。人類的參與可以創建出相當準確的訓練資料,不過請人類來進行標記,成本既昂貴又非常耗時。

利用使用者點擊之類的互動操作,來作為判斷相似性的替代做法

在這種做法下,我們會根據互動的資料來衡量相似性。舉個例子,只要使用者點擊了圖片,被點擊的圖片就會被認為是「與查詢圖片 #q 很相似」。

這種做法並不需要人力參與,可以自動生成訓練資料。不過,點擊的訊號通常包含非常多的雜訊。因為有時候就算圖片與查詢圖片並不相似,使用者還是有可能去點擊圖片。此外,這樣的資料往往非常稀疏,而且我們有大量的圖片,很可能都沒有任何點擊的資料。使用這種充滿雜訊、又很稀疏的訓練資料,只會導致非常不理想的結果。

根據查詢圖片,以人為方式創建出相似的圖片

在這種做法下,我們會根據查詢圖片,以人為方式創建出相似的圖片。舉例來說,我們可以去旋轉查詢圖片,以這種擴增(augment)的方式衍生一張新的圖片,然後把這張新生成的圖片當成相似的圖片。最近才開發出來的一些框架(例如 SimCLR [7] 和 MoCo [8])採用的就是這樣的做法。

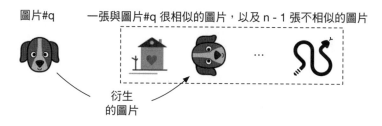

圖 2.8　用資料擴增的方式來衍生出相似的圖片

這個做法的優點就是不需要人力參與。我們可以實作出一些簡單的資料衍生邏輯,來創建出相似的圖片。此外,這樣建構出來的訓練資料不會有雜訊,因為衍生的圖片一定是相似的圖片。這種做法主要的缺點就是,所建構出來的訓練資料與真實的資料並不相同。實際上我們想找出來的相似圖

片，並不會是查詢圖片的衍生版本。相似的圖片只是在視覺和意義上很相似而已，實際上確實是不同的圖片。

哪一種做法最適合我們的情況？

在面試過程中，很關鍵的其實是提出各種不同的選項，並討論其中權衡取捨的一些想法。通常並不存在一個絕對有效的最佳解決方案。我們在這裡打算使用自我監督的做法，理由有兩個。第一，這種做法不會有什麼相關的前期成本，因為整個程序可以自動執行。第二，已經有各種框架（例如 SimCLR [7]）可以證明，只要用大型資料集來進行訓練，這種做法確實可以得出還不錯的結果。由於我們的平台有好幾十億張圖片，因此這種做法或許是個還不錯的選擇。

萬一實驗的結果不太理想，我們還是可以隨時切換到其他的標記做法。舉例來說，我們可以先從自我監督的做法開始做起，之後才考慮運用點擊資料來進行標記。我們當然也可以把這些做法結合起來。舉例來說，我們可以利用點擊的資訊來建立初始訓練資料，並請一些負責標記的人來識別出其中的雜訊資料點，然後再把那些資料點全都刪除掉。與面試官討論不同選擇與權衡取捨的想法，對於做出良好設計決策來說至關重要。

我們一旦建構好資料集，就可以準備用一個合適的損失函數來訓練模型了。

挑選損失函數

如圖 2.9 所示，模型把圖片當作輸入，並針對每張輸入圖片生成相應的內嵌。E_x 代表的就是圖片 #x 的內嵌。

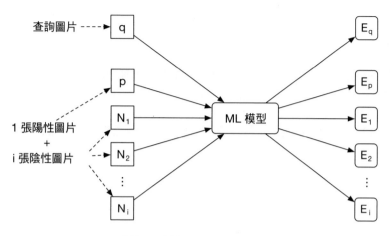

圖 2.9 模型的輸入 / 輸出

訓練的目標就是要最佳化模型的參數,讓一些相似的圖片在內嵌空間裡可以具有比較靠近的內嵌。如圖 2.10 所示,在訓練過程中,陽性圖片和查詢圖片應該會變得越來越靠近。

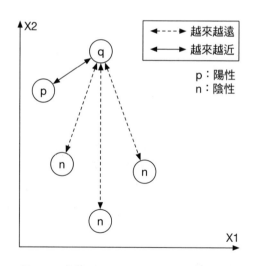

圖 2.10 輸入圖片對應到內嵌空間裡的情況

為了實現此目標,我們需要用一個損失函數來衡量內嵌的品質。對比訓練設計了許多不同的損失函數,通常面試官並不會期望你能夠深入進行討

論。不過，關於對比損失函數的工作原理，你至少應該具備一些比較高層次的理解，這點還蠻重要的。

我們打算在這裡簡單說明一下簡化版對比損失函數的工作原理。如果你有興趣想瞭解更多關於對比損失函數的資訊，請參閱 [9]。

如圖 2.11 所示，我們會把對比損失函數的計算過程分成三個步驟。

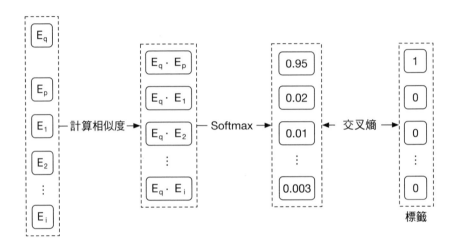

圖 2.11　簡化版的對比損失函數

計算相似度。首先，我們會計算查詢圖片和其他圖片的內嵌之間的相似度。在衡量內嵌空間裡點與點之間的相似度時，常會用到點積（dot product）[10] 和餘弦相似度（cosine similarity）[11]。歐幾里德距離（Euclidean distance）[12] 也可以用來衡量相似度。不過，由於「維度詛咒」（curse of dimensionality）的問題，歐幾里德距離在比較高的維度中通常表現不太好 [13]。如果想瞭解更多關於維度詛咒問題的訊息，請閱讀 [14]。

Softmax。計算出來的距離，全都會被套入 Softmax 函數。這樣可以確保所有數值的總和為 1，如此一來就可以把值解釋成機率的概念了。

交叉熵（Cross-entropy）。 交叉熵 [15] 衡量的是，所預測的各個機率值與標籤的真實情況有多麼吻合。如果所預測的機率非常接近真實的情況，就表示內嵌已經足以區分陽性圖片和陰性圖片了。

在面試過程中，你也可以討論一下使用預訓練（pre-trained）模型的可能性。舉例來說，我們可以利用某個預訓練好的對比模型，然後再用我們的訓練資料來進行微調。這些預訓練模型已經針對大型資料集進行過訓練，所以應該已經學會一套還不錯的圖片表達方式。相較於從頭開始訓練模型的做法，這種做法可以明顯縮減訓練的時間。

進行評估

開發完模型之後，我們就可以開始討論如何進行評估了。我們會在本節介紹一些離線評估與線上評估的重要指標。

離線指標

根據之前所給定的需求，我們可以利用「評估組資料」來進行離線評估。假設每個資料點都有一張查詢圖片，還有一些候選圖片，其中每張候選圖片都有一個對應的相似度分數。相似度分數是一個介於 0 到 5 之間的整數，其中 0 表示完全不相似，5 則表示兩張圖片在視覺上和意義上都非常相似。針對評估組資料裡的每個資料點，我們都會先根據真正的相似度分數，得出真正的理想化排名結果，然後再與模型所給出的排名結果進行比較。

圖 2.12　評估組資料裡的資料點

現在我們就來檢視一下搜尋系統裡常用的幾個離線指標吧。請注意，搜尋（search）、資訊檢索（information retrieval）和推薦系統（recommendation systems）經常都會使用到下面這幾個離線指標。

- 排名倒數均值（MRR；Mean Reciprocal Rank）
- 召回率 @k
- 精確率 @k
- 平均精確率均值（mAP；Mean Average Precision）
- 正規化折損累積增益（nDCG；Normalized discounted cumulative gain）

排名倒數均值（MRR）。這個指標會針對模型所生成的每一個輸出，取其中第一個相關項的排名值，然後再用這些排名值的倒數取平均，藉此來衡量模型的品質。公式如下：

$$MRR = \frac{1}{m} \sum_{i=1}^{m} \frac{1}{rank_i}$$

其中 m 是輸出的排名列表總數量，$rank_i$ 指的是第 i 個輸出排名列表其中第一個相關項的排名值。

圖 2.13 說明了相應的工作原理。這裡總共輸出了 4 個排名列表，我們會針對每個排名列表，計算其中第一個相關項排名值的倒數（RR；Reciprocal Rank），然後再計算出所有 RR 的平均值，就可以得出排名倒數均值（MRR；Mean Reciprocal Rank）的值了。

圖 2.13　MRR 排名倒數均值的計算範例

我們來看一下這個指標的缺點。由於 MRR 只考慮第一個相關項，忽略了列表中其他的相關項，因此它無法衡量整個排名列表的精確率與排名結果的品質。舉例來說，圖 2.14 顯示了兩個不同模型的輸出結果。模型 #1 的輸出有 3 個相關項，模型 #2 的輸出則有 1 個相關項。不過，這兩個模型的倒數排名卻都是 0.5。因為有這樣的缺點，所以我們並不會使用這個指標。

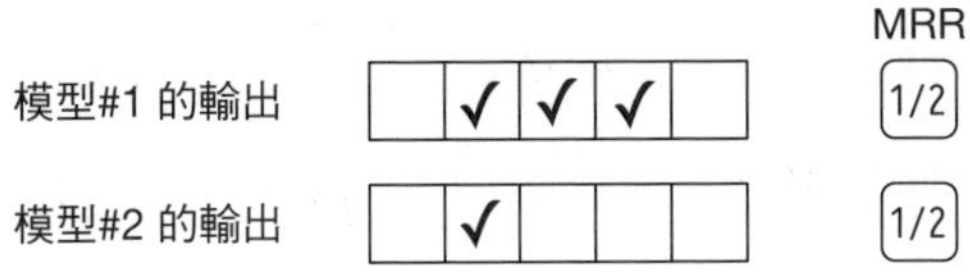

圖 2.14　兩種不同模型的 MRR 排名倒數均值

召回率 @k。這個指標衡量的是，輸出列表中相關項的數量，與整個資料集裡真正的相關項總數量，兩者之間的比率。公式如下：

$$召回率\ @k = \frac{輸出列表前\ k\ 項的相關項數量}{相關項總數量}$$

雖然召回率 @k 可以衡量出有多少相關項沒被模型包含在輸出結果列表中，但這並不算是個好用的指標。我們就來解釋一下，為什麼它不能算是個好指標。在某些系統中（例如搜尋引擎），相關項的總數量有可能非常非常多。由於分母非常大，這樣肯定會對召回率產生負面的影響。舉例來說，如果查詢圖片是狗的圖片，資料庫裡可能有好幾百萬張狗的圖片。我們的目標其實並不是把每一張狗的圖片送回來，而是找出其中最相似的狗的圖片。

因為召回率 @k 無法衡量出模型的排名品質，所以我們並不會使用這個指標。

精確率 @k。這個指標衡量的是，輸出列表前 k 項其中相關項所佔的比例。公式如下：

$$精確率\ @\mathrm{k} = \frac{輸出列表前\ k\ 項其中相關項的數量}{k}$$

這個指標衡量的是輸出列表的精確程度，不過它並不會去考慮排名的品質。舉例來說，在圖 2.15 中，如果我們把比較相關的項目移到比較前面的排名位置，精確率 @5 的值並不會有任何改變。這個指標對於我們的使用情境來說並不是很理想，因為我們除了要衡量結果的精確率之外，也想衡量出排名的品質。

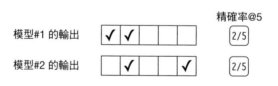

圖 2.15　兩種不同模型的精確率 @5

平均精確率均值（mAP）。這個指標會先計算出每個輸出列表的平均精確率（AP），然後再計算這些 AP 值的平均值。

我們先來瞭解一下什麼是 AP。它會先針對不同的 k 值，取 k 個項（例如 k 張圖片）分別計算出相應的精確率 @k，然後再算出這幾個精確率 @k 的

平均值。如果有比較多的相關項，落在輸出列表靠前面的部分，AP 的值就會比較高。以長度為 k 的輸出列表來說，AP 公式如下：

$$AP = \frac{\sum_{i=1}^{k} 精確率 @i；若第 i 項為相關項}{相關項總數量}$$

我們就來看個例子，更進一步理解這個指標。圖 2.16 顯示的是模型所輸出的 4 個排名列表，其中可以看到每個排名列表相應的 AP 計算過程。

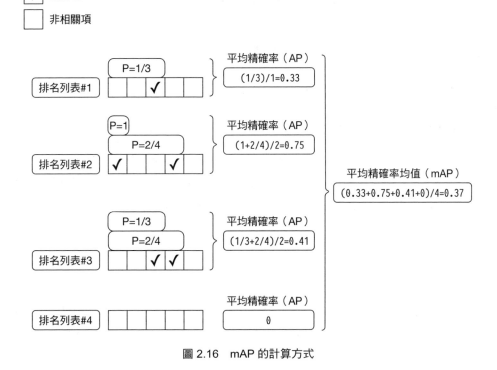

圖 2.16　mAP 的計算方式

由於我們取了精確率的平均值，所以確實有考慮到輸出列表的整體排名品質。不過，mAP 主要是針對二元相關性而設計。換句話說，如果每一項都只有相關或不相關兩種情況，它就能發揮很好的作用。但如果是連續性的相關分數值，nDCG（正規化折損累積增益）則是更好的選擇。

nDCG（正規化折損累積增益）。這個指標衡量的是系統輸出的排名品質，也就是與理想化的排名相比之下，輸出的排名結果究竟有多好。我們會先解釋什麼是 DCG，然後再討論 nDCG。

什麼是 DCG（折損累積增益）？

DCG 就是把輸出結果裡每一項的相關性分數（relevance score）累加起來，來計算輸出各項的累積增益（cumulative gain）。分數在進行累加時，是從輸出排名列表的最前面往後面累加，而每一項的分數，也會因為排名越來越後面，而被折損得越來越多。公式如下：

$$\mathrm{DCG_p} = \sum_{i=1}^{p} \frac{rel_i}{\log_2(i+1)}$$

其中 rel_i 就是排名在 i 這個位置的圖片相應的真實相關性分數。

什麼是 nDCG？

由於 DCG 把各個項目的相關性分數累加了起來，而且還根據其位置做出了折損，因此 DCG 的結果有可能是任何的值。為了得出更有意義的分數值，我們必須對 DCG 進行正規化處理。因此，nDCG 會把 DCG 再除以理想化排名的 DCG。公式如下：

$$\mathrm{nDCG_p} = \frac{DCG_p}{IDCG_p}$$

其中的 $IDCG_p$ 就是理想化的排名結果（也就是真正根據各項相關性分數排序的排名結果）相應的 DCG。請注意，如果是一個完美的排名系統，DCG 就會完全等於 IDCG。

我們可以用一個例子，更深入理解 nDCG。在圖 2.17 中，我們可以看到搜尋系統所給出的一系列輸出圖片，以及各張圖片相應的真實相關性分數。

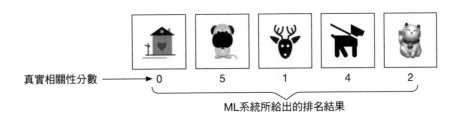

真實相關性分數 ⟶ 0　5　1　4　2

ML系統所給出的排名結果

圖 2.17　由搜尋系統所給出的一個排名結果

我們可以分三個步驟來計算 nDCG：

1. 計算 DCG

2. 計算 IDCG

3. DCG 除以 IDCG

計算 DCG：根據這個模型目前所給出的排名結果，相應的 DCG 為：

$$\text{DCG}_p = \sum_{i=1}^{p} \frac{rel_i}{\log_2(i+1)} = \frac{0}{\log_2(2)} + \frac{5}{\log_2(3)} + \frac{1}{\log_2(4)} + \frac{4}{\log_2(5)} + \frac{2}{\log_2(6)} = 6.151$$

計算 IDCG：理想化的排名結果計算 DCG 的方式是一樣的，只不過它的排名順序是完全正確的（圖 2.18）。

5　4　2　1　0

理想化的排名結果

圖 2.18　理想化的排名結果

理想化排名結果相應的 IDCG 為：

$$\text{IDCG}_p = \sum_{i=1}^{P} \frac{rel_i}{\log_2(i+1)} = \frac{5}{\log_2(2)} + \frac{4}{\log_2(3)} + \frac{2}{\log_2(4)} + \frac{1}{\log_2(5)} + \frac{0}{\log_2(6)} = 8.9543$$

DCG 除以 IDCG：

$$\mathrm{nDCG_p} = \frac{DCG_p}{IDCG_p} = \frac{6.151}{8.9543} = 0.6869$$

nDCG 大多數情況下都有很好的效果。它最主要的缺點就是，實際上並不一定總是能夠取得真實的相關性分數值。在我們的例子裡，由於評估組資料確實包含了相似度分數，因此我們可以在離線評估階段，運用 nDCG 來衡量模型的表現。

線上指標

我們會在本節探討一些常用的線上指標，用以衡量使用者能夠多順利找出自己喜歡的圖片。

點擊率（CTR；Click-Through Rate）。這個指標顯示的是，系統把項目顯示給使用者之後，使用者真正去點擊的頻率。點擊率可以用以下的公式來計算：

$$點擊率 = \frac{圖片被點擊的數量}{所推薦的圖片總數量}$$

高點擊率就表示使用者經常去點擊系統所顯示的項目。正如我們在隨後章節中即將看到的，點擊率經常被用來作為搜尋和推薦系統的線上指標。

每天、每週、每個月花在所推薦圖片的平均時間。這個指標顯示的是，使用者對於所推薦圖片的參與程度。如果搜尋系統確實很準確，我們應該就可以預期這個指標的值應該會隨之增加才對。

提供服務

在提供服務的階段，系統會根據查詢圖片，送回一系列按照排名順序排列的相似圖片。圖 2.19 顯示的就是此系統進行預測的管道，以及建立索引的管道。我們就來仔細看看這兩個管道吧。

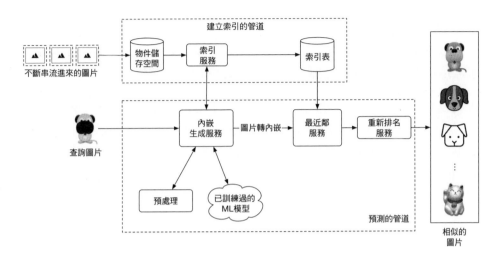

不斷串流進來的圖片

建立索引的管道

物件儲存空間　索引服務　索引表

查詢圖片

內嵌生成服務 ─圖片轉內嵌→ 最近鄰服務 → 重新排名服務

預處理　　已訓練過的 ML模型

預測的管道

相似的圖片

圖 2.19　預測的管道，以及建立索引的管道

預測的管道

內嵌生成服務

這個服務會根據所輸入的查詢圖片，計算出相應的內嵌。如圖 2.20 所示，它會對圖片進行預處理，並透過已訓練過的模型來計算出圖片相應的內嵌。

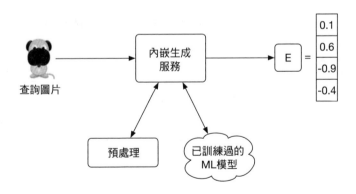

查詢圖片

內嵌生成服務

$E = \begin{bmatrix} 0.1 \\ 0.6 \\ -0.9 \\ -0.4 \end{bmatrix}$

預處理　　已訓練過的 ML模型

圖 2.20　內嵌生成服務

最近鄰服務

一旦取得查詢圖片的內嵌，我們就可以到內嵌空間裡找出其他相似的圖片了。這件工作就是由最近鄰（nearest neighbor）服務來完成的。

接著我們先用比較正式的方式，來定義一下最近鄰搜尋。給定一個查詢點 q，加上其他的點所組成的集合 S，這樣就可以在集合 S 裡找出最接近 q 的點了。請注意，圖片內嵌在 N 維空間裡就是一個點，其中的 N 則是內嵌向量的維度。圖 2.21 顯示的就是最靠近圖片 q 的前 3 個最近鄰。我們用 q 來表示查詢圖片，其他圖片則用 x 來表示。

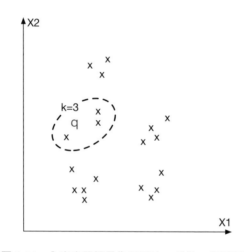

圖 2.21　內嵌空間裡最靠近圖片 q 的前 3 個最近鄰

重新排名服務

這個服務所包含的是一些商業層級的邏輯和策略。舉例來說，它會篩選掉一些比較不恰當的結果，以確保輸出結果不會包含個人隱私的圖片，而且也會刪除掉一些重複性很高的結果，然後再強制執行一些其他的類似邏輯，最後才把結果展示給使用者。

建立索引的管道

索引服務

平台上所有的圖片，全都會透過這個服務來建立索引，以提高搜尋的效能。

索引服務的另一個職責，就是讓索引表能夠持續保持更新。舉例來說，每當新圖片被添加到平台，這個服務就會針對新的圖片內嵌建立新的索引，讓最近鄰搜尋服務可以找到這張圖片。

新建立的索引會增加儲存空間的使用量，因為我們會把所有的圖片內嵌全都儲存在索引表中。我們也可以利用各種最佳化的做法（例如向量量子化（vector quantization）[16] 或是乘積量子化（product quantization）[17]），來減少儲存空間的用量。

最近鄰（NN）演算法的效能表現

在資訊檢索、搜尋、推薦系統中，最近鄰搜尋（Nearest neighbor search）演算法可說是一個非常核心的組件。它的效率只要有小小的提升，系統整體效能往往就會有很明顯的提升。由於考慮到這個組件的重要性，因此面試官很可能會希望你深入探討這個主題。

最近鄰演算法可分為兩大類：精確型和近似型。我們就來仔細探究一下吧。

精確型最近鄰（Exact Nearest Neighbor）

精確型最近鄰也叫做線性搜尋（linear search），這是最近鄰演算法最簡單的一種形式。其運作方式就是搜尋整個索引表，計算出每個點與查詢點 q 之間的距離，然後找出最靠近的 k 個點。它的時間複雜度為 $O(N \times D)$，其中 N 為點的總數量，D 則為點的維度。

在規模很大的系統中，N 很容易就會達到好幾十億的程度，因此這種線性的時間複雜度就顯得太慢了。

近似型最近鄰（ANN；Approximate Nearest Neighbor）

有很多的應用，其實只要向使用者展示一些足夠相似的項目也就夠了，並不需要去進行那種精確型的最近鄰搜尋。

在 ANN 演算法中，我們會運用某種特定的資料結構，把最近鄰搜尋的時間複雜度壓低到比線性還低（例如 $O(D \times \log N)$）的程度。這樣的做法通常需要先進行一些預處理，或是需要用到一些額外的儲存空間。

ANN 演算法可分成以下三種：

- 樹狀結構型 ANN

- 局部敏感雜湊（LSH）型 ANN

- 集群型 ANN

每一種都會運用到不同的演算法，面試官通常並不會期待你非常清楚瞭解所有的細節。只要有一些比較高層次的理解，這樣也就足夠了。所以，我們就來簡單聊聊這幾種做法吧。

樹狀結構型 ANN

樹狀結構型演算法會把整個空間切分成好幾個不同的分區，最後形成一個樹狀結構。然後，再利用樹狀結構的特性，來執行更快速的搜尋。

我們會透過迭代的方式，在每個節點添加新的判斷條件，以此建構出整個樹狀結構。舉例來說，我們可以在根節點添加一個「性別 = 男性」這樣的判斷條件。這也就表示，只要是具有「女性」屬性的點，全都會被歸到左子樹。

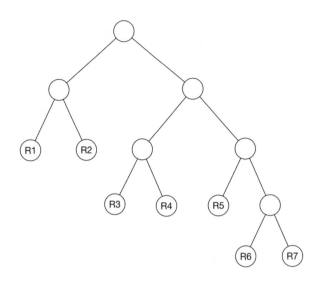

圖 2.22　由許多點所組成的樹狀結構

在樹狀結構中，每個「非葉節點」都會根據所設定的判斷條件，把空間切分成兩個分區。「葉節點」則是用來表示空間裡的某一塊特定區域。圖 2.23 顯示的就是把空間切分成 7 塊區域的例子。這個演算法只會去搜尋查詢點所屬的分區。

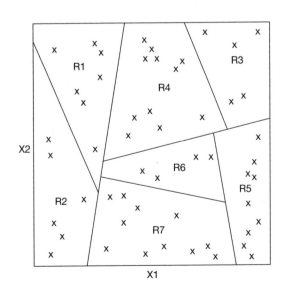

圖 2.23　用樹狀結構把空間切分成好幾個分區

比較典型的樹狀結構型方法，有 R 樹（R-trees）[18]、KD 樹（KD-trees）[19] 和 Annoy（Approximate Nearest Neighbor Oh Yeah；近似型最近鄰哦耶）[20]。

局部敏感雜湊（LSH；Locality-sensitive hashing）

LSH 會使用特定的雜湊函數，來降低點的維度，然後再把各個點分組到不同的桶（buckets）中。這些雜湊函數會把彼此非常接近的點，對應到同一個桶中。LSH 只會去搜尋那些與查詢點 q 同屬於同一個桶的點。你也可以自行去閱讀 [21]，瞭解更多關於 LSH 的資訊。

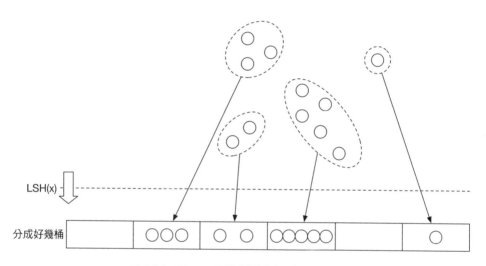

圖 2.24　用 LSH 把資料點分組到不同的桶中

集群型 ANN

這類的演算法會先根據點的相似度，對所有點進行分組，以形成不同的集群（cluster）。一旦形成了不同的集群，演算法就只會在查詢點所屬的集群內，搜尋同一個集群裡的點。

我們應該使用哪一種演算法？

精確型最近鄰演算法的結果，可以保證絕對是準確的。如果我們的資料點很有限，或是確實需要找出精確的最近鄰，這不失為一個不錯的選擇。但如果有非常大量的點，又想很有效率地執行這種演算法，那就是非常不切實際的做法。在這樣的情況下，通常就會採用 ANN 的做法。雖然這種做法或許無法找出絕對準確的點，但是在「尋找出最靠近的點」這方面還是蠻有效率的。

如果考慮到如今系統所需要處理的資料量，ANN 的做法確實是一種更加實用的解法。在我們的視覺搜尋系統中，我們會用 ANN 來找出相似的圖片內嵌。

在應徵 ML 相關職位時，面試官可能會要求你實作出某種 ANN 演算法。有兩個被廣泛運用的函式庫，分別是 Faiss [22]（由 Meta 所開發）和 ScaNN [23]（由 Google 所開發）。本章所提到的大多數做法，這兩個函式庫都有支援。我們很鼓勵你至少要熟悉其中一個函式庫，更深入理解其中相關的概念，這樣在 ML 的面試過程中，如果需要用程式碼實現最近鄰搜尋，才能有更充足的自信心。

其他討論要點

如果面試結束時還有一些額外的時間，你或許會被詢問到一些後續的問題，或是被要求談一些比較進階的主題，這具體取決於面試官的偏好、應試者的專業知識、職位的要求等等多種因素。以下列出了一些可能需要準備的主題（尤其是比較高階的職位）。

- 針對系統裡的內容進行審查，識別並阻擋掉一些不恰當的圖片[24]。

- 系統也許存在各種不同的偏見（例如立場上的特定偏向）[25][26]。

- 如何運用標籤之類的圖片詮釋資料，來改善搜尋的結果。這個部分隨後在第 3 章 Google 街景模糊化系統中還會進一步討論。

- 運用物體偵測（object detection）技術，對圖片進行智慧型裁剪 [27]。

- 如何運用圖譜神經網路（GNN），學習更好的圖片表達方式 [28]。

- 進一步支援文字查詢，強化圖片搜尋的能力。我們隨後在第 4 章就會探討這個技術。

- 如何運用主動學習（active learning）[29] 或是讓人類參與其中（human-in-the-loop）[30] 的機器學習方式，讓資料的標記更有效率。

總結

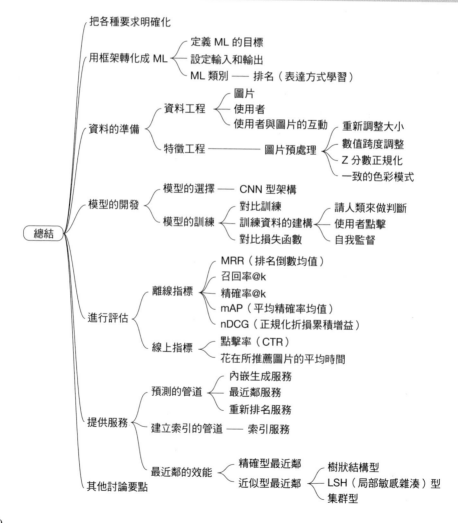

參考資料

[1] Pinterest 的視覺搜尋。https://arxiv.org/pdf/1505.07647.pdf。

[2] Pinterest 搜尋的視覺內嵌。https://medium.com/pinterest-engineering/unifying-visual-embeddings-for-visual-search-at-pinterest-74ea7ea103f0。

[3] 表達方式學習。https://en.wikipedia.org/wiki/Feature_learning。

[4] ResNet 的論文。https://arxiv.org/pdf/1512.03385.pdf。

[5] Transformer 的論文。https://arxiv.org/pdf/1706.03762.pdf。

[6] 視覺 Transformer 的論文。https://arxiv.org/pdf/2010.11929.pdf。

[7] SimCLR 的論文。https://arxiv.org/pdf/2002.05709.pdf。

[8] MoCo 的論文。https://openaccess.thecvf.com/content_CVPR_2020/papers/He_Momentum_Contrast_for_Unsupervised_Visual_Representation_Learning_CVPR_2020_paper.pdf。

[9] 對比表達方式學習方法。https://lilianweng.github.io/posts/2019-11-10-self-supervised/。

[10] 點積。https://en.wikipedia.org/wiki/Dot_product。

[11] 餘弦相似度。https://en.wikipedia.org/wiki/Cosine_similarity。

[12] 歐幾里德距離。https://en.wikipedia.org/wiki/Euclidean_distance。

[13] 維度詛咒。https://en.wikipedia.org/wiki/Curse_of_Dimensionality。

[14] ML 裡的維度詛咒問題。https://www.mygreatlearning.com/blog/understanding-curse-of-dimensionality/。

[15] 交叉熵損失函數。https://en.wikipedia.org/wiki/Cross_entropy。

[16] 向量量子化。http://ws.binghamton.edu/fowler/fowler%20personal%20page/EE523_files/Ch_10_1%20VQ%20Description%20(PPT).pdf。

[17] 乘積量子化。https://towardsdatascience.com/product-quantization-for-similarity-search-2f1f67c5fddd。

71

[18] R 樹。https://en.wikipedia.org/wiki/R-tree。

[19] KD- 樹。https://kanoki.org/2020/08/05/find-nearest-neighbor-using-kd-tree/。

[20] Annoy。https://towardsdatascience.com/compressive-guide-to-approximate-nearest-neighbors-algorithms-8b94f057d6b6。

[21] 局部敏感雜湊。https://web.stanford.edu/class/cs246/slides/03-lsh.pdf。

[22] Faiss 函式庫。https://github.com/facebookresearch/faiss/wiki。

[23] ScaNN 函式庫。https://github.com/google-research/google-research/tree/master/scann。

[24] ML 內容審查。https://appen.com/blog/content-moderation/。

[25] 人工智慧與推薦系統裡的特定偏見。https://www.searchenginejournal.com/biases-search-recommender-systems/339319/#close。

[26] 立場上的特定偏向。https://eugeneyan.com/writing/position-bias/。

[27] 智慧型裁剪。https://blog.twitter.com/engineering/en_us/topics/infrastructure/2018/Smart-Auto-Cropping-of-Images。

[28] 運用 GNN 進行更好的搜尋。https://arxiv.org/pdf/2010.01666.pdf。

[29] 主動學習。https://en.wikipedia.org/wiki/Active_learning_(machine_learning)。

[30] 讓人類參與其中的機器學習。https://arxiv.org/pdf/2108.00941.pdf。

3

Google 街景模糊化系統

Google 街景 [1] 是 Google 地圖裡的一種技術，可針對世界各地許多公路網提供街道級的互動式全景圖。2008 年，Google 創建了一個可以讓人臉與車牌自動模糊化（blur）的系統，藉此保護使用者的個人隱私。我們在本章設計了一個很類似 Google 街景的模糊化系統。

圖 3.1　車牌模糊化的街景圖片

把各種要求明確化

以下就是應試者與面試官之間相當典型的一段對話過程。

應試者： 這個系統在商業上的目標，可以說是為了保護使用者個人隱私嗎？

面試官： 是的。

應試者：我們希望設計出一套系統，可偵測出街景圖片裡所有的人臉和車牌，並在呈現給使用者看之前，先進行模糊化處理。這樣是對的嗎？我能否假設，如果使用者看到沒被正確模糊化的圖片，可以向我們回報問題？

面試官：可以的，這些都是合理的假設。

應試者：我們手頭上有沒有可運用於這個任務的已標記資料集呢？

面試官：你可以假設我們已經抽樣了 100 萬張圖片。圖片裡的人臉和車牌，全都已經用人工進行了標記。

應試者：資料集有可能並沒有包含某類人的臉孔特徵，這可能會導致系統對於特定的人類屬性（例如種族、年齡、性別等等）存在特定的偏見。這是個合理的假設嗎？

面試官：這是很棒的觀點。不過為了簡單起見，我們今天先不用去處理公平性和特定偏見的問題。

應試者：我的理解是，延遲並不會是個大問題，因為系統可以在離線的情況下進行物體偵測與模糊化處理。這樣的理解是對的嗎？

面試官：是的。我們可以先把現有的圖片呈現給使用者，同時以離線的方式去處理新的圖片。

這裡就來總結一下問題的陳述吧。我們想設計出一個街景模糊化系統，可以讓車牌和人臉自動模糊化。我們已經取得了一組訓練組資料，其中包含 100 萬張已標記過人臉和車牌的圖片。這套系統在商業上的目標，就是要保護使用者的個人隱私。

用框架把問題轉化成 ML 任務

我們會在本節用框架把問題轉化成 ML 任務。

定義 ML 的目標

這個系統在商業上的目標,就是把街景圖片中可以看到的車牌與人臉進行模糊化處理,以保護使用者的個人隱私。不過,保護使用者個人隱私並不是 ML 的目標。因此,我們要把它轉化成 ML 系統可以解決的 ML 目標。其中一個可以考慮採用的 ML 目標,就是準確偵測出圖片中讓人感興趣的一些物體。如果 ML 系統可以準確偵測出這些物體,我們就可以在呈現圖片給使用者看之前,先把某些物體模糊化。

為了簡潔起見,本章接下來會改用「物體」來取代「人臉與車牌」的說法。

設定系統的輸入和輸出

物體偵測(object detection)模型的輸入是一張圖片,其中在不同的位置可能有零或多個物體。這個模型應該可以偵測出這些物體,並輸出各個物體的位置。圖 3.2 顯示的就是一個物體偵測系統及其輸入和輸出。

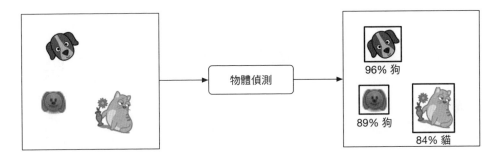

圖 3.2　物體偵測系統的輸入 / 輸出

選擇正確的 ML 類別

一般來說,物體偵測系統有兩項職責:

- 預測出圖片裡每個物體的位置
- 預測出每個邊界框的所屬類別(例如狗、貓等等)

第一個任務屬於迴歸問題，因為位置可以用（x, y）座標來表示，而這些座標全都是一些數值。第二個任務則可以轉化成多類別分類問題。

傳統上，物體偵測架構可分成所謂的「一階段」（one-stage）和「兩階段」（two-stage）網路。近年來，Transformer 型架構（例如 DETR [2]）也呈現出相當令人期待的成果，不過本章主要還是只探討兩階段與一階段的架構。

兩階段網路

顧名思義，兩階段網路會使用到兩個獨立的模型：

1. **區域提議網路（RPN；Region Proposal Network）：** 掃描圖片並提出一些有可能是物體的候選區域。

2. **分類器（Classifier）：** 針對每個提議的區域進行處理，然後再把它歸類為某個物體類別。

圖 3.3 顯示的就是這種兩階段的做法。

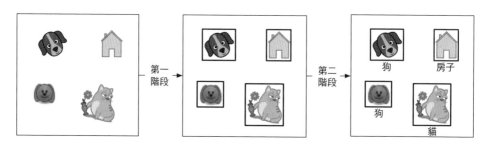

圖 3.3　兩階段網路

常用的兩階段網路有：R-CNN [3]、Fast R-CNN [4] 和 FasterRCNN [5]。

一階段網路

在這類網路中，兩個階段被整合了起來。只使用單獨的一個網路，就能同時生成邊界框與物體類別，而不必明確偵測出提議區域。圖 3.4 顯示的就是一階段網路的例子。

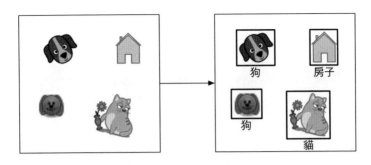

圖 3.4　一階段網路

常用的一階段網路有：YOLO [6] 和 SSD [7] 架構。

一階段 vs. 兩階段

兩階段網路是由兩個按照順序前後執行的組件所組成，因此速度通常比較慢，但結果通常也會比較準確。

以我們的題目來說，我們的資料集有 100 萬張圖片，如果以現代的標準來看，這並不算是非常龐大的資料量。這也就表示，使用兩階段網路並不會過度增加訓練的成本。因此，以這裡的練習來說，我們決定要從兩階段網路開始著手。如果訓練資料大幅增加，或是需要更快速的預測，也可以切換成一階段網路。

資料的準備

資料工程

在「簡介」的那一章，我們已經討論過一些資料工程的基礎知識。除此之外，討論一下手頭上的任務有哪些可運用的具體資料，通常是個還不錯的好主意。以這裡的問題來說，我們可取得以下這些資料：

- 已標記的資料集

- 街景圖片

接著就分別來仔細討論一下吧。

已標記的資料集

根據需求，我們已經有 100 萬張已標記過的圖片。每張圖片都有一個列表，其中包含一堆的邊界框，以及相關聯的物體類別。表 3.1 顯示的就是資料集裡的一些資料點：

表 3.1　已標記資料集裡的一些資料點

圖片路徑	物體	邊界框
dataset/image1.jpg	人臉 人臉 車牌	[10, 10, 25, 50] [120, 180, 40, 70] [80, 95, 35, 10]
dataset/image2.jpg	人臉	[170, 190, 30, 80]
dataset/image3.jpg	車牌 人臉	[25, 30, 210, 220] [30, 40, 30, 60]

每個邊界框都是包含 4 個數字的一個列表，分別代表左上角的 X、Y 座標，然後是這個物體的寬度和高度。

街景圖片

這些全都是資料來源團隊所收集的街景圖。ML 系統會去處理這些圖片，偵測出其中的人臉和車牌。表 3.2 顯示的是這些圖片的詮釋資料（metadata）。

表 3.2　街景圖片的詮釋資料

圖片路徑	地點（經緯度）	俯仰角、偏轉角、側傾角	時間戳
tmp/image1.jpg	(37.432567,-122.143993)	(0, 10, 20)	1646276421
tmp/image2.jpg	(37.387843, -122.091086)	(0, 10, -10)	1646276539
tmp/image3.jpg	(37.542081,-121.997640)	(10, -20, 45)	1646276752

特徵工程

在特徵工程這個階段，我們會先套用一些標準的圖片預處理操作（例如重新調整大小、正規化處理）。然後，我們還會運用資料擴增衍生技術，增加資料集的資料量。接著就來仔細看一下吧。

資料擴增

所謂的「資料擴增」（data augmentation）技術，就是稍微修改原始資料以建立一些資料副本，或是以人為方式根據原始資料衍生出新的資料，然後再添加到資料集內的一種做法。資料集的資料量增加之後，模型就可以學習到更複雜的特定模式。尤其是失衡的資料集，使用這個技術特別有用，因為它可以用來增加少數類資料點的數量。

圖片擴增（image augmentation）可以算是資料擴增其中的一種特殊類型。常用的擴增衍生技術包括：

- 隨機裁剪
- 隨機飽和度處理
- 垂直或水平翻轉
- 旋轉或平移
- 仿射變換（Affine transformations）
- 改變亮度、飽和度、對比度

圖 3.5 顯示的就是套用各種資料擴增技術之後衍生出來的幾張圖片。

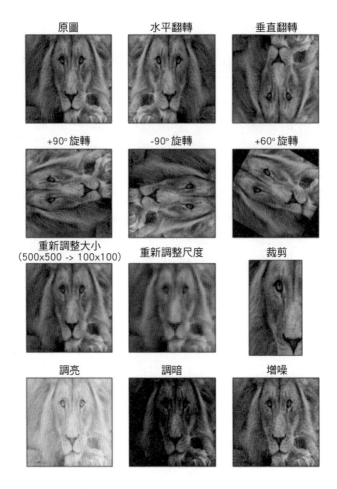

圖 3.5　以擴增方式衍生出來的一些圖片（來源 [8]）

很重要一定要注意的是，其中有些類型的擴增操作，相應的邊界框也需要進行轉換。舉例來說，原始圖片進行了旋轉或翻轉之後，相應的邊界框也必須進行轉換。

資料擴增處理程序可以透過離線或線上的形式來進行。

- **離線**：訓練之前擴增圖片
- **線上**：訓練期間以動態方式擴增圖片

線上 vs. 離線:用離線的方式進行資料擴增處理,訓練的速度會比較快,因為過程中並不需要額外的擴增操作。不過,這種做法需要額外的儲存空間來儲存所有擴增的圖片。雖然以線上方式進行資料擴增處理會減慢訓練的速度,不過並不需要消耗額外的儲存空間。

究竟要採用線上還是離線的方式來進行資料擴增處理,兩者之間的選擇取決於儲存空間與運算能力的限制。在面試過程中,比較重要的是談論不同的選擇,並討論其中權衡取捨的想法。在這裡的例子中,我們選擇以離線的方式來進行資料擴增處理。

圖 3.6 顯示的是資料集的準備流程。經過預處理之後,圖片就會被重新調整大小,並完成尺度調整與正規化的處理。經過圖片擴增處理之後,圖片的數量就會增加。假設圖片的數字從 100 萬增加到了 1000 萬。

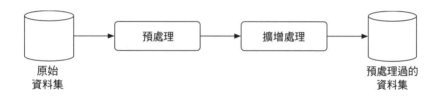

圖 3.6　資料集的準備工作流程

模型的開發

模型的選擇

我們在「用框架把問題轉化成 ML 任務」一節中曾提過,我們選擇的是兩階段網路。圖 3.7 顯示的就是典型的兩階段架構。

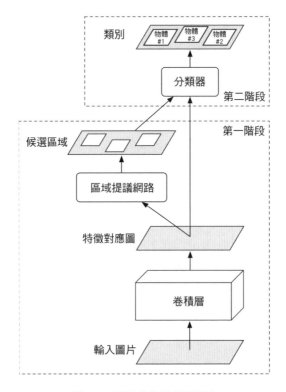

圖 3.7　兩階段物體偵測網路

接著就來逐一檢視每一個組件吧。

卷積層（Convolutional Layer）

卷積層 [9] 負責處理輸入圖片，然後輸出特徵對應圖（feature map）。

區域提議網路（RPN；Region Proposal Network）

區域提議網路會提出一些候選區域，其中有可能包含某些物體。它是用神經網路來作為其架構，然後把卷積層所生成的特徵對應圖當成輸入，再把圖片裡的一些候選區域當成輸出送出來。

分類器

分類器主要是用來判斷每個候選區域裡的物體類別。它會把特徵對應圖和前面所提議的候選區域當成輸入，然後針對每個區域指定一個相應的物體類別。這個分類器通常也是用神經網路建構起來的。

在 ML 系統設計的面試過程中，通常並不會討論這些神經網路的架構。如果想瞭解更多訊息，請參閱 [10]。

模型的訓練

訓練神經網路的程序通常會涉及三個步驟：正向傳播（forward propagation）、損失的計算、反向傳播（backward propagation）。讀者應該很熟悉這些步驟，不過更多的相關訊息請參閱 [11]。我們在本節只打算討論物體偵測常用的一些損失函數。

物體偵測模型應該要做好下面兩項任務。第一，所預測的物體邊界框，應該與真正的邊界框有高度的重疊。這屬於迴歸型的任務。第二，每個物體類別預測的機率應該要很準確。這屬於分類型的任務。我們接著就來針對這兩項任務，分別定義一個損失函數。

迴歸損失函數：這個損失函數衡量的是，系統所預測的邊界框與真正的邊界框對齊的程度。我們採用的是標準迴歸損失函數（例如均方差 MSE [12]），這裡用 L_{reg} 來表示：

$$L_{reg} = \frac{1}{M} \sum_{i=1}^{M} \left[(x_i - \hat{x}_i)^2 + (y_i - \hat{y}_i)^2 + (w_i - \hat{w}_i)^2 + \left(h_i - \hat{h}_i \right)^2 \right]$$

其中：

- M：預測的邊界框總數量
- x_i：真正的邊界框左上角的 x 座標
- $\hat{x}_i$：預測的邊界框左上角的 x 座標
- y_i：真正的邊界框左上角的 y 座標

- $\hat{y}_i$：預測的邊界框左上角的 y 座標

- w_i：真正的邊界框寬度

- $\hat{w}_i$：預測的邊界框寬度

- h_i：真正的邊界框高度

- $\hat{h}_i$：預測的邊界框高度

分類損失函數：這個損失函數所要衡量的是，每一個偵測到的物體相應的預測機率，究竟有多麼準確。我們所採用的是標準分類損失函數（例如交叉熵 [13] 這類的對數損失函數），這裡用 L_{cls} 來表示：

$$L_{cls} = -\frac{1}{M} \sum_{i=1}^{M} \sum_{c=1}^{C} y_c \log \hat{y}_c$$

其中：

- M：偵測到的邊界框總數量

- C：物體類別的總數量

- y_i：偵測到的物體 i 真正的類別標籤

- $\hat{y}_i$：偵測到的物體 i 所預測的類別標籤

為了定義出能夠衡量模型整體表現的最終損失函數，我們用一個平衡參數 λ 來進行加權，把分類損失函數和迴歸損失函數的計算結果結合起來：

$$L = L_{cls} + \lambda L_{reg}$$

進行評估

在面試過程中，討論如何評估 ML 系統，是一個非常重要的主題。面試官通常想知道你會選擇哪些指標，還有你選擇的理由。本節會說明物體偵測系統通常如何進行評估，然後針對離線評估和線上評估，分別挑選出幾個重要的指標。

物體偵測模型通常需要偵測出圖片裡的 N 個不同物體。為了衡量模型的整體表現，我們會分別評估每個物體，然後再把結果進行平均。

圖 3.8 顯示了一個物體偵測模型的輸出。這裡把真正的邊界框與系統偵測到的邊界框全都顯示了出來。如圖所示，模型偵測到 6 個邊界框，不過實際上圖片中只有兩個物體而已。

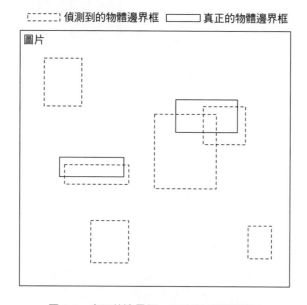

圖 3.8　真正的邊界框，和偵測到的邊界框

在什麼情況下，預測到的邊界框會被認為是正確的？如果要回答這個問題，我們就必須先瞭解「交集除以聯集」（IOU；Intersection Over Union）的定義。

交集除以聯集（IOU）： IOU 衡量的是兩個邊界框重疊的程度。圖 3.9 顯示的就是 IOU 相當直觀的一種表達方式。

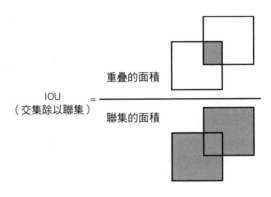

圖 3.9　IOU 的公式

IOU 可用來判斷所偵測到的邊界框是否正確。最理想的 IOU 值就是 1，這表示所偵測到的邊界框與真正的邊界框是完全對齊重疊的。IOU 為 1 的情況其實很少見；不過，IOU 越高，就表示所預測的邊界框越準確。我們通常會針對 IOU 設一個門檻值，用來判斷所偵測到的邊界框究竟是正確（真陽性）還是不正確（假陽性）。舉例來說，如果 IOU 的門檻值為 0.7，就表示只要與真正的邊界框有 70% 以上的重疊，所偵測到的邊界框就算是正確的了。

現在我們已經知道 IOU 是什麼了，也知道該如何判斷所預測的邊界框究竟是正確還是錯誤，接著再來討論幾個離線評估的指標吧。

離線指標

模型的開發是一個迭代的過程。我們通常會用一些離線指標來快速評估新開發模型的表現。以下就是一些對於物體偵測系統可能蠻有用的指標：

- 精確率（Precision）

- 平均精確率（AP；Average Precision）

- 平均精確率均值（mAP；Mean Average Precision）

精確率

這個指標衡量的是，所有圖片的所有偵測結果，其中確實正確的偵測結果所佔的比例。精確率的值越高，就表示系統的偵測結果越可靠。

$$精確率 = \frac{正確的偵測結果數量}{偵測結果總數量}$$

如果要計算精確率，就必須選定一個 IOU 門檻值。我們用一個例子，來更深入理解這個指標。圖 3.10 顯示了一組真正的邊界框，以及一堆偵測到的邊界框，還有各自相應的 IOU 值。

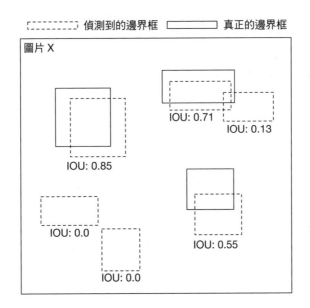

圖 3.10　真正的邊界框與偵測到的邊界框

我們就來計算一下，三組不同 IOU 門檻值（0.7、0.5、0.1）相應的精確率。

- **IOU 門檻值 = 0.7**

  總共 6 個偵測結果，其中有兩個 IOU 高於 0.7。因此，在這個門檻值下，有兩個正確的預測結果。

$$精確率_{0.7} = \frac{正確的偵測結果數量}{偵測結果總數量} = \frac{2}{6} = 0.33$$

- **IOU 門檻值 = 0.5**

  在這個門檻值下，有 3 個偵測結果的 IOU 高於 0.5：

$$精確率_{0.5} = \frac{正確的偵測結果數量}{偵測結果總數量} = \frac{3}{6} = 0.5$$

- **IOU 門檻值 = 0.1**

  這次，我們有四個正確的偵測結果：

$$精確率_{0.1} = \frac{正確的偵測結果數量}{偵測結果總數量} = \frac{4}{6} = 0.67$$

你或許已經注意到，這個指標的主要缺點就是，精確率會隨著 IOU 門檻值不同而變化。因此，只看特定 IOU 門檻值相應的精確率分數，其實很難瞭解模型的整體表現。下面要介紹的平均精確率，則解決了這個限制。

平均精確率（AP）

這個指標會計算各種 IOU 門檻值的精確率，然後再計算平均值。AP 的計算公式如下：

$$AP = \int_0^1 P(r)dr$$

其中 $P(r)$ 是 IOU 門檻值為 r 時所對應的精確率。

我們也可以預先定義好一個離散的門檻值列表，然後用求和的方式計算出上面這個公式的近似值。舉例來說，pascal VOC2008 基準 [14] 裡的 AP 平均精確率就是用 11 個等間距的門檻值計算出來的。

$$AP = \frac{1}{11} \sum_{n=0}^{n=10} P(n)$$

AP 相當於是把模型對特定物體類別（例如人臉）的整體精確率做了一番總結。但如果想衡量模型對所有物體類別（例如人臉和車牌）的整體精確率，我們就需要用到平均精確率均值了。

平均精確率均值（mAP）

這其實就是所有物體類別的 AP 平均值。這個指標等於是對模型的整體表現做了一番總結。公式如下：

$$mAP = \frac{1}{C} \sum_{c=1}^{C} AP_c$$

其中 C 就是模型所偵測到的物體類別總數量。

這個 mAP 指標經常被用來評估物體偵測系統。如果想進一步瞭解標準的基準使用了哪些門檻值，請參閱 [15] [16]。

線上指標

根據要求，這個系統必須能夠保護個人的隱私。衡量這一點的其中一種方法，就是計算使用者回報問題與投訴的數量。我們也可以靠一些負責標記的人來進行抽查，衡量一下圖片模糊化錯誤的百分比。另外還有一些衡量特定的偏見與公平性的指標，同樣也非常關鍵而重要。舉例來說，我們希望針對不同種族和年齡的人臉，都能進行同樣的模糊化處理。不過之前說明系統需求時就已經說過，關於這種特定偏見的衡量，已經超出本章的需求範圍了。

我們來對評估的部分做個結論吧 —— 我們會使用 mAP 和 AP 作為離線指標。mAP 可用來衡量模型的整體精確率，而 AP 則可以讓我們深入瞭解模型對特定類別的精確率。線上評估的主要指標，則是採用「使用者問題回報」。

提供服務

本節會先討論物體偵測系統可能出現的一個常見問題：重疊的邊界框。接著我們會提出一個比較具有整體性的 ML 系統設計。

重疊的邊界框

在對圖片執行物體偵測演算法時，經常會出現邊界框重疊的問題。這是因為 RPN（區域提議網路）在每一個物體的周圍，可能都會提出好幾個高度重疊的邊界框。在進行推論的過程中，如何把這些邊界框縮減成每個物體都只有一個邊界框，這可說是非常重要的一件事。

有一種被廣泛運用的解法，就是所謂的「非極大抑制」（NMS；Non-Maximum Suppression）演算法 [17]。我們就來看看它的原理吧。

非極大抑制（NMS）

NMS 是一種後處理（post-processing）演算法，它的目的就是要選出最適合的邊界框。它會把讓人感覺最有信心的邊界框保留起來，然後再移除掉其他重疊的邊界框。圖 3.11 顯示的就是一個例子。

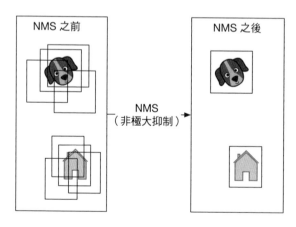

圖 3.11　套用 NMS 之前與之後

NMS 是 ML 系統設計面試時經常被拿出來問的一種演算法，所以我們非常鼓勵你去充分理解它的原理 [18]。

ML 系統設計

如圖 3.12 所示，我們提出了一個模糊化系統的 ML 系統設計圖。

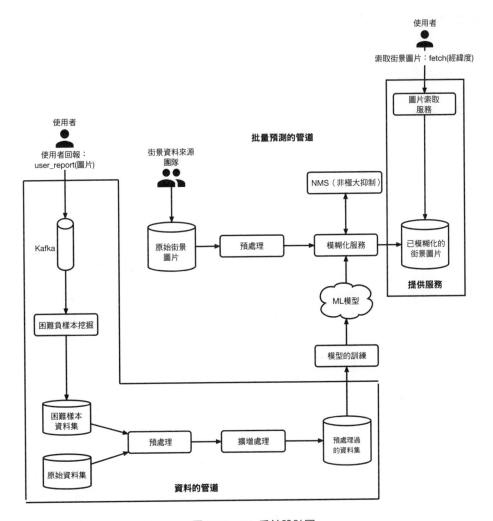

圖 3.12　ML 系統設計圖

我們就來詳細檢視每一個管道吧。

批量預測的管道

根據我們所收集到的系統需求，延遲並不是個大問題，因為我們可以向使用者展示現有已經處理完畢的圖片，同時持續處理一些最新的圖片。由於並不需要即時的結果，所以我們可以採用批量預測的做法，預先計算物體偵測的結果。

預處理

原始圖片就是由這個組件來進行預處理。這裡並不打算再討論預處理操作，因為之前在「特徵工程」一節已經討論過了。

模糊化服務

這個部分會對街景圖片執行以下的操作：

1. 提供圖片裡所偵測到的物體列表。

2. 利用 NMS 這個組件，整併一下所偵測到的物體列表。

3. 針對所偵測到的物體，進行模糊化處理。

4. 把模糊化的圖片（已模糊化的街景圖片）保存到儲存空間。

請注意，預處理和模糊化服務在這個設計裡是分開的。原因在於圖片預處理往往是很耗費 CPU 計算能力的一個程序，模糊化服務則非常仰賴 GPU 的能力。把這兩個服務切分開來，有兩個好處：

• 可以根據各服務實際的工作負載，分別獨立進行擴展。

• 可以讓 CPU 和 GPU 資源獲得更好的運用。

資料的管道

這個管道負責處理使用者的問題回報、生成新的訓練資料，還有準備模型所要使用的訓練資料。資料管道的每個組件，大部分都不需要特別說明，大家一看就能瞭解其用途。困難負樣本挖掘（Hard negative mining）應該是唯一需要多解釋一下的一個組件吧。

困難負樣本挖掘。所謂的「困難負樣本」（Hard negatives），其實就是把一些預測錯誤的樣本明確定義為負樣本，然後再把這些負樣本加到訓練組資料中。如果我們用這組更新過的訓練組資料來重新訓練模型，模型應該就會有更好的表現。

其他討論要點

如果時間允許，這裡還有一些可以討論的要點：

- Transformer 型物體偵測架構與一階段或兩級模型有何不同，它們各有什麼優缺點 [19]。

- 如果遇到資料集的資料量比較大的情況，可以考慮採用分散式訓練技術，來改進物體偵測的效果 [20] [21]。

- 歐洲的「一般資料保護規範」（GDPR；General Data Protection Regulation）對於我們的系統會有什麼樣的影響 [22]。

- 評估人臉偵測系統裡的特定偏向 [23][24]。

- 如何持續微調模型 [25]。

- 如何利用主動學習（active learning）[26] 或是讓人類參與其中的機器學習做法 [27] 來選出可用來投入訓練的資料點。

總結

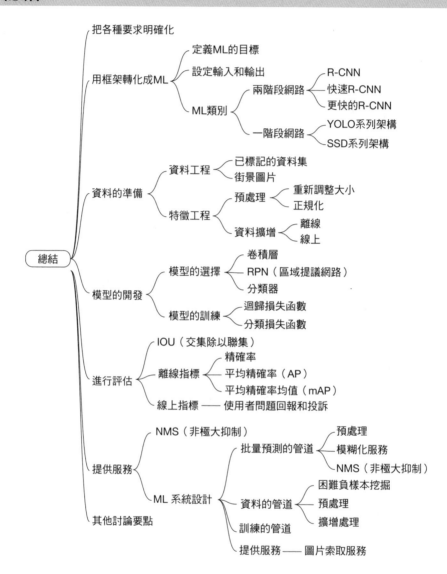

參考資料

[1]   Google 街景。https://www.google.com/streetview。

[2]   DETR。https://github.com/facebookresearch/detr。

[3]   RCNN 系列模型。https://lilianweng.github.io/posts/2017-12-31-object-recognition-part-3。

[4]   快速 R-CNN 的論文。https://arxiv.org/pdf/1504.08083.pdf。

[5]   更快的 R-CNN 的論文。https://arxiv.org/pdf/1506.01497.pdf。

[6]   YOLO 系列架構。https://pyimagesearch.com/2022/04/04/introduction-to-the-yolo-family。

[7]   SSD。https://jonathan-hui.medium.com/ssd-object-detection-single-shot-multibox-detector-for-real-time-processing-9bd8deac0e06。

[8]   資料擴增技術。https://www.kaggle.com/getting-started/190280。

[9]   CNN（卷積神經網路）。https://en.wikipedia.org/wiki/Convolutional_neural_network。

[10]   物體偵測細節。https://dudeperf3ct.github.io/object/detection/2019/01/07/Mystery-of-Object-Detection。

[11]   正向傳送和反向傳送。https://www.youtube.com/watch?v=qzPQ8cEsVK8。

[12]   MSE（均方差）。https://en.wikipedia.org/wiki/Mean_squared_error。

[13]   對數損失函數。https://en.wikipedia.org/wiki/Cross_entropy。

[14]   Pascal VOC。http://host.robots.ox.ac.uk/pascal/VOC/voc2008/index.html。

[15]   COCO 資料集評估。https://cocodataset.org/#detection-eval。

[16]   物體偵測評估。https://github.com/rafaelpadilla/Object-Detection-Metrics。

[17]   非極大抑制（NMS）。https://en.wikipedia.org/wiki/NMS。

[18] NMS 的 Pytorch 實作。https://learnopencv.com/non-maximum-suppression-theory-and-implementation-in-pytorch/。

[19] 最近的物體偵測模型。https://viso.ai/deep-learning/object-detection/。

[20] Tensorflow 裡的分散式訓練。https://www.tensorflow.org/guide/distributed_training。

[21] Pytorch 裡的分散式訓練。https://pytorch.org/tutorials/beginner/dist_overview.html。

[22] GDPR（一般資料保護規範）與機器學習。https://www.oreilly.com/radar/how-will-the-gdpr-impact-machine-learning。

[23] 人臉偵測的特定偏見與公平性。http://sibgrapi.sid.inpe.br/col/sid.inpe.br/sibgrapi/2021/09.04.19.00/doc/103.pdf。

[24] 人工智慧的公平性。https://www.kaggle.com/code/alexisbcook/ai-fairness。

[25] 持續學習。https://towardsdatascience.com/how-to-apply-continual-learning-to-your-machine-learning-models-4754adcd7f7f。

[26] 主動學習。https://en.wikipedia.org/wiki/Active_learning_(machine_learning)。

[27] 讓人類參與其中的機器學習。https://arxiv.org/pdf/2108.00941.pdf。

4

YouTube 影片搜尋

在 YouTube 這類的影片分享平台上，影片的數量有可能一下子就迅速成長到好幾十億。我們在本章設計了一個可以有效處理如此大量內容的影片搜尋系統。如圖 4.1 所示，使用者可以在搜尋框裡輸入文字，然後系統就會把其中與文字最相關的影片顯示出來。

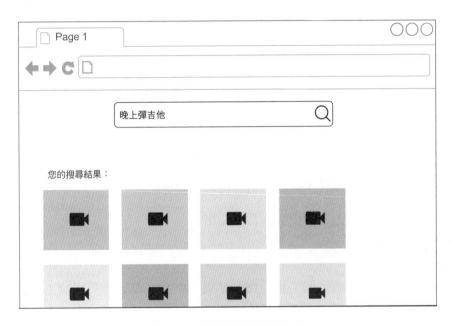

圖 4.1 用查詢文字來搜尋影片

把各種要求明確化

以下就是應試者和面試官之間很典型的一段互動過程。

應試者：使用者只能輸入查詢文字，還是可以用圖片或影片來進行搜尋？

面試官：只能接受文字查詢。

應試者：平台上的內容只有影片的形式嗎？有沒有圖片或聲音檔案呢？

面試官：這個平台只提供影片。

應試者：YouTube 搜尋系統非常複雜。我能不能假設影片的相關性，完全只靠影片的內容和相關的文字資料（例如標題和說明）來做判斷？

面試官：可以，這是個合理的假設。

應試者：有可運用的訓練資料嗎？

面試官：有的，你可以假設我們有 1000 萬組（影片，查詢文字）這種成對的訓練資料。

應試者：我們的搜尋系統需要支援其他語言嗎？

面試官：為了簡單起見，假設我們只需要支援英語。

應試者：這個平台上有多少影片可供使用？

面試官：10 億部影片。

應試者：我們需要提供個人化的搜尋結果嗎？我們是否應該根據不同的使用者過去的互動紀錄，用不同的方式對搜尋結果進行排名？

面試官：雖然個人化對於推薦系統來說至關重要，不過我們並不一定需要針對搜尋結果進行個人化調整。為了簡化問題，這裡先假設並不需要提供個人化的搜尋結果。

我們來總結一下問題的陳述吧。我們被要求設計出一個影片搜尋系統。輸入的是查詢文字，輸出則是與查詢文字相關的影片列表。為了要找出相關的影片，我們會利用影片的視覺內容與相關的文字資料。我們所拿到的資料集其中包含 1000 萬筆（影片，查詢文字）這樣的成對資料，可用來訓練我們的模型。

用框架把問題轉化成 ML 任務

定義 ML 的目標

使用者期望我們的搜尋系統，可以提供相關而有用的搜尋結果。把它轉化成 ML 目標的其中一種方式，就是根據影片與查詢文字的相關性，對影片進行排名。

設定系統的輸入和輸出

如圖 4.2 所示，搜尋系統會把查詢文字當成輸入，然後輸出一個影片排名列表，其中的影片全都按照查詢文字的相關性來進行排序。

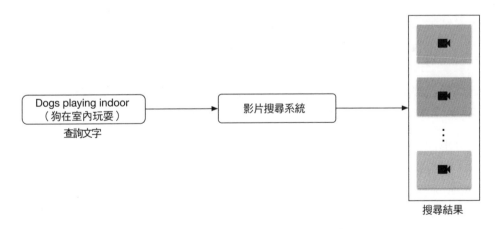

圖 4.2　影片搜尋系統的輸入 / 輸出

選擇正確的 ML 類別

為了判斷影片和查詢文字之間的相關性，我們會運用到影片的視覺內容與相關的文字資料。整個設計的概要說明，如圖 4.3 所示。

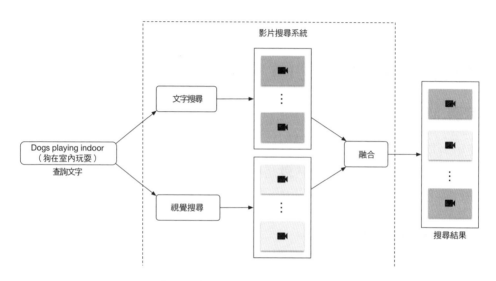

圖 4.3　搜尋系統的高層次概要說明

接著就來簡單探討一下每個組件吧。

視覺搜尋

這個組件會把查詢文字當成輸入，然後輸出一份影片列表。它會根據查詢文字和影片視覺內容之間的相似度，對影片進行排名。

搜尋影片的一種常見做法，就是透過表達方式學習，來表現影片的視覺內容。在這種做法下，查詢文字和影片會分別使用兩個編碼器來進行編碼。如圖 4.4 所示，這個 ML 模型包含一個影片編碼器，可以根據影片生成內嵌向量；另外還有一個文字編碼器，可以根據文字生成內嵌向量。影片和文字之間的相似度分數，就是用這兩個表達方式進行點積計算所得出的結果。

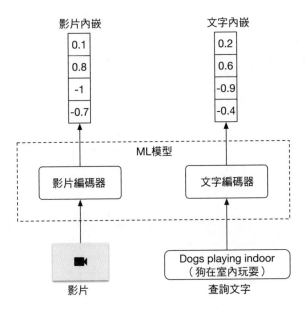

圖 4.4　ML 模型的輸入 / 輸出

這些在視覺和意義上與查詢文字很相似的影片如果要進行排名，我們就要在內嵌空間裡計算文字與每部影片之間的點積，然後再根據影片的相似度分數，對影片進行排名。

文字搜尋

圖 4.5 顯示的是使用者輸入「Dogs playing indoor（狗在室內玩耍）」這段查詢文字時，文字搜尋部分的工作原理。這裡會根據各影片的標題、說明或標籤，找出其中與查詢文字最相似的影片，然後再當成輸出結果顯示出來。

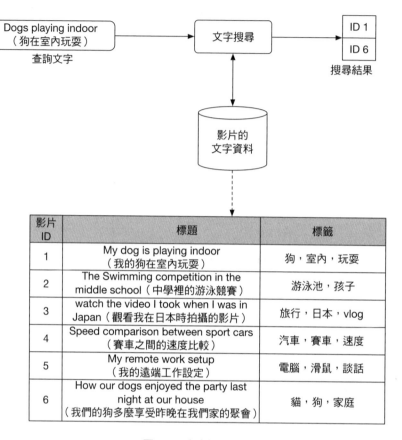

圖 4.5　文字搜尋

反向索引（inverted index）是在建立文字搜尋組件常用的一種技術，它可以讓我們在資料庫裡進行很有效率的全文搜尋。由於反向索引並不是採用機器學習的做法，因此並不會有什麼訓練的成本。其中有一個許多公司經常使用、相當受歡迎的搜尋引擎叫做 Elasticsearch，它是個可擴展的搜尋引擎，特別適合用來儲存各種文件。更多關於 Elasticsearch 的詳細資訊與深入介紹，請參閱 [1]。

資料的準備

資料工程

由於我們已經擁有一個已標記好的資料集，可用來訓練與評估模型，因此並不需要執行任何資料工程的相關工作。表 4.1 顯示的就是這個已標記資料集的部分內容。

表 4.1　已標記的資料集

影片名稱	查詢文字	資料拆分後所屬類型
76134.mp4	Kids swimming in a pool!（在游泳池裡游泳的孩子！）	訓練組
92167.mp4	Celebrating graduation（慶祝畢業）	訓練組
2867.mp4	A group of teenagers playing soccer（一群正在踢足球的青少年）	驗證組
28543.mp4	How Tensorboard works（Tensorboard 的工作原理）	驗證組
70310.mp4	Road trip in winter（冬季公路旅行）	測試組

特徵工程

幾乎所有的 ML 演算法，都只能接受數值化的輸入值。因此在這個步驟，文字和影片之類的非結構化資料，全都要轉換成數值化的表達方式。接著就來看看如何準備文字和影片資料，把它們轉換成模型可接受的資料。

文字資料的準備

如圖 4.6 所示，文字資料要轉換成數值化向量的表達方式，通常需要經過三個步驟：文字正規化、Token 化、Token 轉 ID [2]。

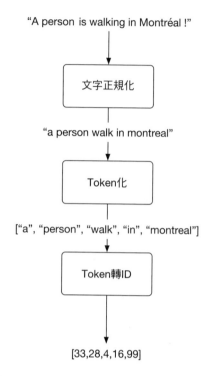

圖 4.6　用一個數值化的向量來表示一段文字

接著再來詳細看一下每個步驟。

文字正規化

文字正規化（text normalization；也稱為文字清理；text cleanup）主要是為了讓單詞和句子能夠保持一致性。舉例來說，同一個單詞的拼法有可能略有不同；比如「dog」、「dogs」和「DOG！」都是指同一個東西，但是拼法卻不相同。句子也是如此。以下面這兩個句子為例：

- "A person walking with his dog in Montréal！"（有個人在蒙特婁和他的狗一起散步！）

- "a person walks with his dog, in Montreal."（有個人和他的狗一起散步，在蒙特婁）

這兩個句子的意思是相同的，只不過標點符號和動詞的形式不同而已。以下就是文字正規化的一些典型做法：

- 小寫化：把所有的字母轉為小寫。這並不會改變單詞或句子的意思

- 移除標點符號：移除掉文字裡的標點符號。常見的標點符號有句號、逗號、問號、驚嘆號等等。

- 修剪空格：把開頭和結尾的空格修剪掉，並把連續出現的多個空格整併成一個。

- NFKD（正規化形式相容分解；Normalization Form Compatibility Decomposition) [3]：把某些特殊的字母，分解成簡單字元的組合。例如：ê → ^ 和 e。

- 移除重音符號：移除掉單詞裡的重音符號。例如：Màlaga → Malaga；Noël → Noel。

- 單詞原形化（Lemmatization）與詞幹擷取（Stemming）：識別出單詞的一堆相關形式，然後轉化成某種標準的表達方式。例如：walking, walks, walked → walk

Token 化

Token 化就是把一段文字分解成一堆更小的單元（也就是 Token）的處理程序。一般來說，Token 化有以下三種類型：

- 單詞 Token 化：根據特定的分隔符號，把整串文字拆成一個一個的單詞（word）。舉例來說，「I have an interview tomorrow」（我明天有個面試）這樣的一段話，就可以拆成 ["I", "have", "an", "interview", "tomorrow"]

- 子詞 Token 化：把整串文字拆分為許多個子詞（subword；或者是所謂的 n-gram 字元）

- 字元 Token 化：把整串文字拆分成一連串的字元（character）

不同的 Token 化演算法相關的細節，通常不會是 ML 系統設計面試過程中討論的重點。如果你有興趣瞭解更多的相關訊息，請參閱 [4]。

Token 轉 ID

取得一堆 Token 之後，我們還要把各個 Token 轉換成相應的數值（ID）。
為了用數值來作為 Token 的表達方式，我們可以透過兩種方式來完成：

- 查找表（Lookup Table）
- 雜湊化（Hashing）

查找表。在這個做法下，每一個獨一無二的 Token 都會對應到一個獨一無二的 ID。我們會建立一個查找表，來儲存這些一對一的對應關係。圖 4.7顯示的就是這類對應表的一個例子。

單詞	ID
⋮	
animals	18
⋮	
art	35
⋮	
car	128
⋮	
insurance	426
⋮	
travel	1239
⋮	

圖 4.7　查找表的一個例子

雜湊化。雜湊化（Hashing）指的就是所謂的「特徵雜湊」或「雜湊化技巧」。它是一種可以節省儲存空間的做法，因為它並不需要建立查找表，而是利用一個雜湊函數來計算出相應的 ID。圖 4.8 顯示的就是如何用雜湊函數把單詞轉換成 ID 的做法。

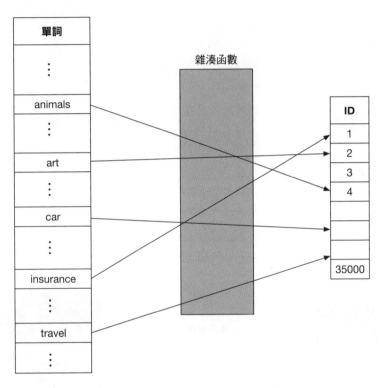

圖 4.8　用雜湊函數來取得單詞相應的 ID

我們來比較一下查找表與雜湊化的做法吧。

表 4.2　查找表 vs. 特徵雜湊

	查找表	雜湊化
速度	✓ Token 轉 ID 的速度很快	✗ 需要計算雜湊函數，才能把 Token 轉換成相應的 ID
根據 ID 找出相應的 Token	✓ 只要利用反向索引表，就能輕鬆根據 ID 找出相應的 Token	✗ 無法根據 ID 找出相應的 Token
儲存空間	✗ 這個表必須儲存在儲存空間裡。Token 數量越多，所需要的儲存空間越大	✓ 只要靠雜湊函數，就能把任何 Token 轉換成 ID
沒看過的 Token	✗ 無法正確處理全新或沒看過的單詞	✓ 任何單詞都能套入雜湊函數，因此可以輕鬆處理全新或沒看過的單詞
衝突的問題 [5]	✓ 不會有衝突的問題	✗ 衝突（譯註：也就是不同的 Token 對應到同一個 ID 的衝突情況。）是一個有可能會發生的問題

影片資料的準備

圖 4.9 顯示的是原始影片預處理的典型工作流程。

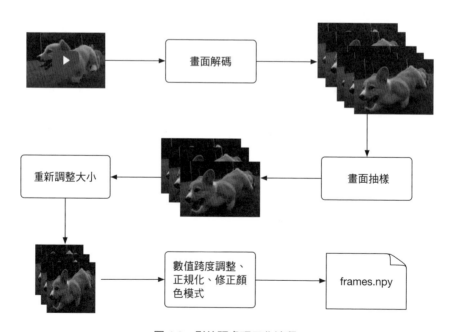

圖 4.9　影片預處理工作流程

模型的開發

模型的選擇

正如「用框架把問題轉化成 ML 任務」一節所述，查詢文字會被文字編碼器轉換成內嵌，影片則會被影片編碼器轉換成內嵌。我們會在本節探討這兩種編碼器可能採用的模型架構。

文字編碼器

文字編碼器典型的輸入和輸出，如圖 4.10 所示。

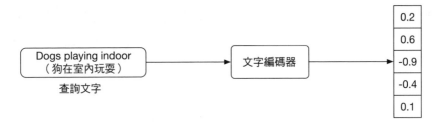

圖 4.10　文字編碼器的輸入 / 輸出

文字編碼器會把文字轉換成向量表達方式 [6]。舉例來說，如果兩個句子具有相似的涵義，它們的內嵌也會比較相似。如果要建立文字編碼器，做法上可以分成兩大類：統計方法與 ML 型方法。我們就來逐一檢視一下。

統計方法

這種方法就是靠一些統計數據，把句子轉換成特徵向量。其中兩種比較流行的統計方法是：

- BoW（詞袋；Bag of Words）

- TF-IDF（術語頻率逆文件頻率；Term Frequency Inverse Document Frequency)

BoW（詞袋）。這個方法會把句子轉換成固定長度的向量。它會創建出一個矩陣，記錄單詞在句子中出現的次數，其中每一橫行代表一個句子，每一縱列則代表一個單詞索引。BoW 的例子如圖 4.11 所示。

	best	holiday	is	nice	person	this	today	trip	very	with
this person is nice very nice	0	0	1	2	1	1	0	0	1	0
today is holiday	0	1	1	0	0	0	1	0	0	0
this trip with best person is best	2	0	1	0	1	1	0	1	0	1

圖 4.11　不同句子的 BoW 表達方式

BoW 是一種快速計算出句子表達方式的簡單做法，不過有以下幾個限制：

- 它並不會考慮單詞在句子裡的順序。舉例來說，「let's watch TV after work」（我們下班後來看電視）和「let's work after watch TV」（我們看完電視後再來工作）這兩個句子的 BoW 表達方式就是完全相同的。

- 這種表達方式並沒有擷取到句子的語義和前後文的涵義。舉例來說，如果兩個句子具有相同的涵義，但是使用了不同的單詞，這兩個句子相應的表達方式就會完全不同。

- 這種向量表達方式其中的值，通常都很稀疏。這種向量表達方式的向量長度，就等於我們所用到的不重複 Token 總數量。由於所用到的 Token 數量通常都很大，所以每個句子的向量表達方式其中大部分的值都會是零。

TF-IDF（術語頻率逆文件頻率）。這是一個統計數值，其目的就是要反映出某單詞的重要性，看看這個單詞在整個文字集合或語料庫裡，對於某文件來說有多麼重要。TF-IDF 也會建立句子／單詞矩陣，這點與 BoW 相同，不過它會根據單詞出現的頻率，對矩陣進行正規化處理。如果想瞭解它背後的數學原理，更多相關資訊請參閱 [7]。

由於 TF-IDF 針對比較頻繁出現的單詞，會給予比較小的權重，因此這種表達方式通常會比 BoW 好一點。不過，它還是有以下這幾個限制：

- 如果新增了一個句子，就需要用一個正規化步驟來重新計算術語頻率。

- 它並不會考慮單詞在句子裡的順序。

- 所得出的表達方式並沒有擷取到句子的語意。

- 這種表達方式其中的值通常都很稀疏。

總結來說，統計方法的速度通常都很快。不過，這種方法並沒有擷取到句子的前後文涵義，而且這種表達方式其中的值通常也都很稀疏。ML 型的方法則可以解決這些問題。

ML 型方法

這類型的方法，會用 ML 模型把句子轉換成具有某些意義的單詞內嵌，而兩個單詞內嵌之間的距離，則可以反映出這兩個單詞在語義上的相似程度。舉例來說，由於「rich」和「wealth」這兩個單詞在語義上蠻相似的，因此它們在內嵌空間裡相應的內嵌也會很靠近。圖 4.12 顯示的就是用二維內嵌空間來呈現單詞內嵌的一個簡化示意圖。你可以看到，比較相似的單詞都會靠得比較近一點。

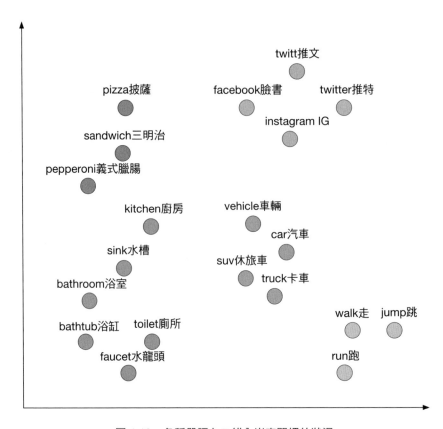

圖 4.12　各種單詞在二維內嵌空間裡的狀況

有三種常見的 ML 型做法，可以把文字轉換成內嵌：

- 內嵌（查找）層

- Word2vec

- Transformer 型架構

內嵌（查找）層

這種做法會使用一個內嵌層，把每個 ID 對應到一個內嵌向量。圖 4.13 顯示的就是一個範例。

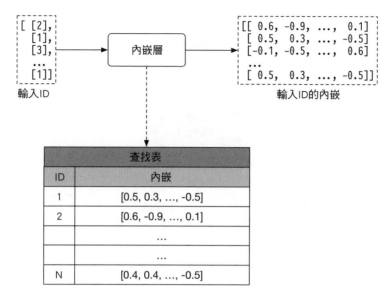

圖 4.13　內嵌查找方法

內嵌層的做法，可說是把稀疏型特徵（例如 ID）轉換成固定大小內嵌的一種簡單有效的解法。在後面的章節中，我們還會看到更多這種用法的範例。

Word2vec

Word2vec [8] 其實是一系列可用來生成單詞內嵌的相關模型。這些模型都是使用淺層的神經網路架構，並利用單詞在前後文裡的共現性（co-occurrences），來學習得出相應的單詞內嵌。具體來說，這種模型會在訓練的階段，學習如何根據周圍的單詞，來預測出位於中間位置的單詞。訓練階段結束之後，模型就有能力把單詞轉換成具有某種意義的內嵌了。

word2vec 類的模型主要有兩種：CBOW（連續詞袋；Continuous Bag of Words) [9] 和 Skip-gram [10]。圖 4.14 就是從比較高的角度來看 CBOW 的運作方式。如果你有興趣想多瞭解這些模型，請參閱 [8]。

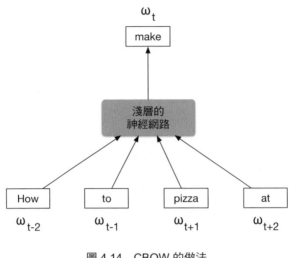

圖 4.14　CBOW 的做法

雖然 word2vec 和內嵌層都是很簡單而有效的做法,不過最近 Transformer 型的架構也展現出一些相當令人期待的成果。

Transformer 類模型

這類型的模型在把句子轉換成內嵌時,也會去考慮單詞在句子裡的前後文。但與 word2vec 模型不同的是,這類模型即使遇到同一個單詞,也會因為前後文不同,而生成不同的內嵌。

圖 4.15 顯示的就是一個 Transformer 類的模型,它會把一個句子(一組單詞)當成輸入,然後再為每個單詞生成一個相應的內嵌。

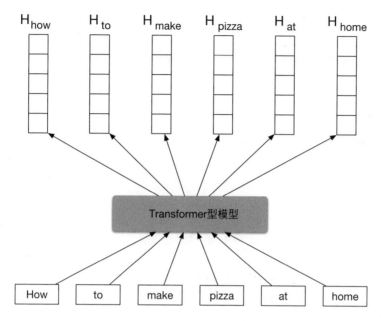

圖 4.15　Transformer 型模型的輸入 / 輸出

Transformer 在理解前後文、生成有意義的內嵌方面非常強大。BERT
[11]、GPT3 [12] 和 BLOOM [13] 等等許多模型已經證明，用 Transformer
來執行各式各樣的自然語言處理（NLP）任務，確實非常有潛力。在這裡
的例子中，我們選擇 Transformer 類架構（例如 BERT）來作為我們的文字
編碼器。

在面試過程中，面試官可能會要求你更深入探討 Transformer 類模型的細
節。如果你想瞭解更多相關訊息，請參閱 [14]。

影片編碼器

我們有兩個選項，可用來作為影片編碼的架構：

- 影片級（Video-level）模型

- 畫面級（Frame-level）模型

影片級模型會處理整部影片，然後建立相應的影片內嵌，如圖 4.16 所示。這種模型的架構通常是以 3D 卷積 [15] 或 Transformer 作為其基礎。由於這種模型需要處理整部影片，因此計算的成本很高。

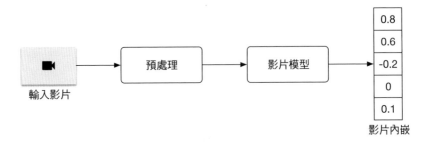

圖 4.16　影片級模型

畫面級模型的原理則不太相同。如果要運用畫面級模型，從影片裡提取出相應的內嵌，整個過程可分成三個步驟：

- 預處理影片，然後進行畫面抽樣。

- 針對抽樣的畫面，運用模型建立相應的畫面內嵌。

- 針對各畫面相應的畫面內嵌，執行彙整計算（例如取平均），以這種方式生成相應的影片內嵌。

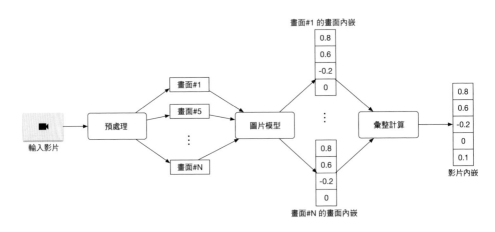

圖 4.17　畫面級模型

由於模型是針對畫面這個層級來進行計算，因此速度通常比較快，而且計算的成本也比較低。不過，畫面級模型通常無法理解影片的時間面向（例如動作和運動的情況）。實務上來說，理解影片的時間面向有時候並不是那麼重要；在這樣的情況下，畫面級模型就是首選模型。我們在這裡採用的就是畫面級模型（例如 ViT [16]），原因有兩個：

- 提高訓練和服務的速度

- 減少計算量

模型的訓練

為了訓練文字編碼器和影片編碼器，我們會採用對比學習的做法。如果你很有興趣想要瞭解更多的訊息，請參閱第 2 章「視覺搜尋系統」中「模型的訓練」一節的內容。

圖 4.18 說明的就是在訓練期間如何計算模型的損失。

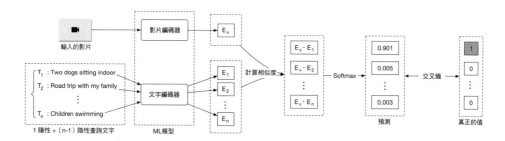

圖 4.18　損失的計算方式

進行評估

離線指標

下面列出了搜尋系統常用的幾個離線指標。我們就來檢視一下，哪個才是最有用的指標。

精確率 @k 和 mAP（平均精確率均值）

$$精確率\ @k = \frac{排名列表前\ k\ 項其中相關項的數量}{k}$$

評估組資料裡所給定的查詢文字，只會與其中一部影片相關聯。這也就表示，精確率 @k 公式裡的分子最多就是 1。這樣會導致精確率 @k 數值偏低的情況。舉例來說，根據所給定的查詢文字，就算我們把相關影片排在列表的最前面，精確率 @10 的值也只有 0.1 而已。因為有這樣的限制，所以精確率指標（例如精確率 @k 和 mAP）在這裡並沒有什麼用處。

召回率 @k。這個指標衡量的是，搜尋結果裡相關影片的數量，與相關影片總數量之間的比率。

$$召回率\ @k = \frac{前\ k\ 部影片中相關影片的數量}{相關影片總數量}$$

如前所述，「相關影片總數量」的值一定是 1。因此，我們可以把召回率 @k 的公式轉化成以下的形式：

如果相關影片出現在前 k 部影片中，召回率 @k = 1，否則就是 0

這個指標有什麼優缺點呢？

優點：

- 它可以有效衡量模型，針對給定的查詢文字，找出相關影片的能力。

缺點：

- 這個指標與 k 值很有關係。挑選正確的 k 值，可能還蠻有挑戰性的。

- 只要相關影片沒出現在輸出列表的 k 部影片裡，召回率 @k 的值就是 0。舉例來說，假設模型 A 把相關影片排在第 15 位，模型 B 則把同一部影片排在第 50 位。如果我們用召回率 @10 來衡量這兩個

模型的品質，就算模型 A 比模型 B 好一點，這兩個模型的召回率 @10 都還是等於 0。

排名倒數均值（MRR）。這個指標會把每個搜尋結果裡第一個相關項的排名值取倒數，然後再取平均，藉此衡量模型的品質。公式如下：

$$MRR = \frac{1}{m} \sum_{i=1}^{m} \frac{1}{\text{rank}_i}$$

這個指標解決了召回率 @k 的缺點，可用來作為我們的離線指標。

線上指標

許多公司都會追蹤各種指標，來進行線上評估。我們就來看看其中最重要的幾個指標：

- 點擊率（CTR；Click-through rate）
- 影片完整觀看率（Video completion rate）
- 搜尋結果的總觀看時數

點擊率。這個指標顯示的是，使用者看到所搜尋到的影片之後，真正去點擊的頻率。點擊率主要的問題是，那些被點擊的影片，並不能判斷是否真的就是使用者所要找的影片。雖然存在這個問題，但點擊率依然是個很好的追蹤指標，因為它可以告訴我們有多少人點擊了搜尋結果。

影片完整觀看率。這個指標衡量的是，搜尋結果裡的影片被使用者完整觀看的數量。這個指標的問題在於，使用者有可能看了影片的部分內容，發現它確實是相關影片，但卻沒有把整部影片看完。只依靠影片完整觀看率，並不能精確反映出搜尋結果的相關性。

搜尋結果的總觀看時數。這個指標會去追蹤使用者觀看搜尋結果的影片，全部所花費的總時間。如果搜尋結果確實是相關的，使用者往往會花比較多的時間去觀看。這個指標可以很好地呈現出搜尋結果的相關性。

提供服務

在提供服務時，系統會根據所給定的查詢文字，提供相關影片的排名列表。圖 4.19 顯示的就是一個簡化過的 ML 系統設計。

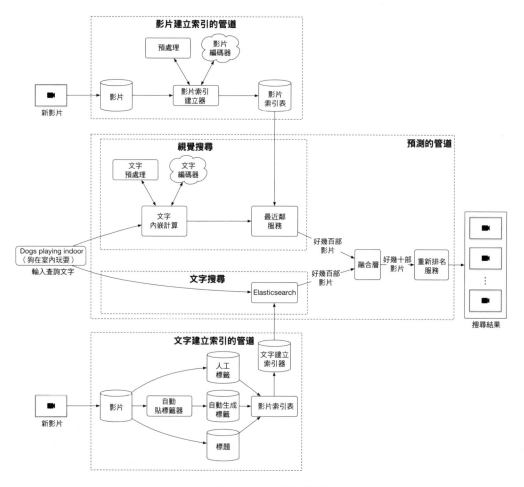

圖 4.19　ML 系統設計圖

我們就來詳細討論一下每一個管道吧。

預測的管道

這個管道包含：

- 視覺搜尋
- 文字搜尋
- 融合層
- 重新排名服務

視覺搜尋。這個組件會針對查詢文字進行編碼，然後用最近鄰服務來找出與文字內嵌最相似的影片內嵌。為了加快最近鄰搜尋的速度，我們會採用近似型的最近鄰（ANN）演算法，如第 2 章「視覺搜尋系統」所述。

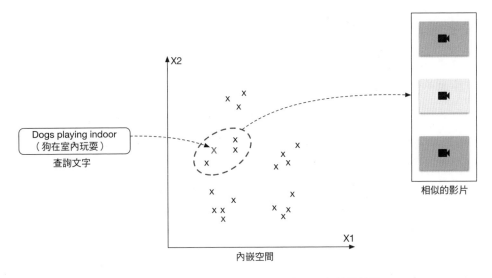

圖 4.20　根據給定的查詢文字，找出前 3 個搜尋結果

文字搜尋。這個組件會運用 Elasticsearch，根據影片的標題與標籤，找出與查詢文字相關的影片。

融合層。這個組件可以取得前一個步驟裡兩個不同的相關影片列表，然後把它們融合成一個新的影片列表。

融合層可以透過兩種方式來實現，最簡單的一種就是根據影片預測相關性分數進行加權，來對影片進行重新排名。另一個比較複雜的做法，則是採用額外的模型來對影片重新排名。這種做法的成本比較高，因為還需要另外進行模型的訓練。此外，服務的速度也比較慢。因此，我們會採用前一種做法。

重新排名服務。這個服務會整合商業層級的邏輯與策略，來對影片的排名列表進行調整。

影片建立索引的管道

訓練過的影片編碼器可用來計算影片內嵌，然後再建立相應的索引。這些建立好索引的影片內嵌，接下來就會交給最近鄰服務使用。

文字建立索引的管道

這裡會運用到 Elasticsearch，針對標題、人工標籤和自動生成的標籤，建立相應的索引。

一般來說，使用者上傳影片時，都會提供一些標籤，以協助系統更順利識別出這些影片。但如果沒有這些人工輸入的標籤怎麼辦？其中一個選擇，就是使用獨立的模型來生成標籤。我們把這個組件命名為「自動貼標籤器」（auto-tagger）。在影片沒有任何人工標籤的情況下，這個組件就顯得特別有價值。雖然這類標籤的雜訊可能比人工所輸入的標籤還大，但它還是蠻好用的。

其他討論要點

在結束本章之前，很重要一定要提醒的是，這裡其實已經對整個影片搜尋系統的系統設計做了一番簡化。實際上的設計有可能複雜許多。其中一些或許可以考慮採用的改進做法，包括：

- 採用多階段設計（生成候選列表 + 排名）。
- 使用更多的影片相關特徵（例如影片長度、影片熱門度等等）。

- 不要依賴標記過的資料，而是利用互動的資訊（例如點擊、按讚等等）來建立、標記資料。這樣我們就可以持續對模型進行訓練。

- 運用 ML 模型，找出語意上與查詢文字相似的標題和標籤。這個模型還可以結合 Elasticsearch，以提高搜尋的品質。

如果面試結束之後還有一點時間，這裡再提供一些額外的討論要點：

- 搜尋系統其中一個重要主題就是理解查詢內容（query understanding），例如拼字糾正、查詢類別的識別、實體的識別等等。如何建構出能夠理解查詢內容的組件呢？[17]

- 如何建立一個有能力處理語音與聲音的多模態（multi-modal）系統，以改善搜尋的結果？[18]

- 如何進行擴展，以支援其他語言？[19]

- 最後的輸出如果有很多幾乎都是重複的影片，對於使用者體驗來說，或許會產生負面的影響。如何偵測出這些幾乎都是重複的影片，然後在呈現結果之前先把它們刪除掉？[20]

- 查詢文字可分為頭部（head）查詢、軀幹（torso）查詢和尾部（tail）查詢。通常在什麼樣的情況下，會使用這些不同的做法？[21]

- 在生成輸出列表時，如何把熱門度和新穎度列入考慮？[22]

- 現實世界裡的搜尋系統是如何運作的呢？[23][24][25]

總結

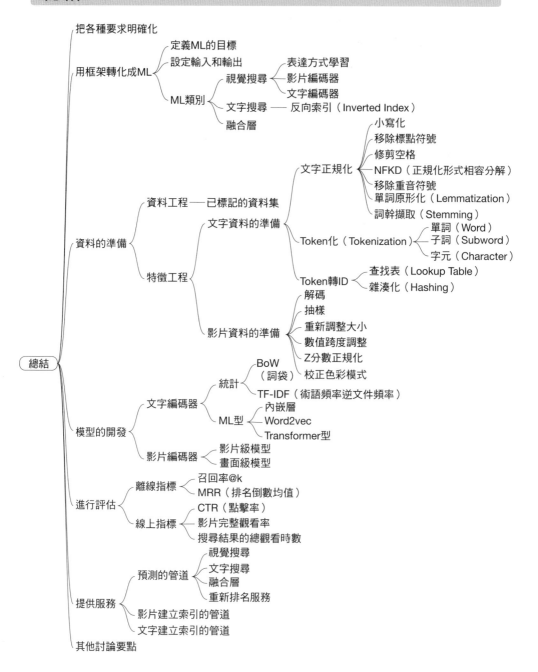

參考資料

[1] Elasticsearch。https://www.tutorialspoint.com/elasticsearch/elasticsearch_query_dsl.htm。

[2] 預處理文字資料。https://huggingface.co/docs/transformers/preprocessing。

[3] NFKD 正規化。https://unicode.org/reports/tr15/。

[4] 什麼是 Token 化的概述。https://huggingface.co/docs/transformers/tokenizer_summary。

[5] 雜湊衝突的問題。https://en.wikipedia.org/wiki/Hash_collision。

[6] NLP（自然語言處理）深度學習。http://cs224d.stanford.edu/lecture_notes/notes1.pdf。

[7] TF-IDF（術語頻率逆文件頻率）。https://en.wikipedia.org/wiki/Tf%E2%80%93idf。

[8] Word2Vec 模型。https://www.tensorflow.org/tutorials/text/word2vec。

[9] CBOW 連續詞袋。https://www.kdnuggets.com/2018/04/implementing-deep-learning-methods-feature-engineering-text-data-cbow.html。

[10] Skip-gram 模型。http://mccormickml.com/2016/04/19/word2vec-tutorial-the-skip-gram-model/。

[11] BERT 模型。https://arxiv.org/pdf/1810.04805.pdf。

[12] GPT3 模型。https://arxiv.org/pdf/2005.14165.pdf。

[13] BLOOM 模型。https://bigscience.huggingface.co/blog/bloom。

[14] 從無到有實作出 Transformer。https://peterbloem.nl/blog/transformers。

[15] 3D 卷積。https://www.kaggle.com/code/shivamb/3d-convolutions-understanding-use-case/notebook。

[16] 視覺 Transformer。https://arxiv.org/pdf/2010.11929.pdf。

[17] 搜尋引擎如何理解查詢內容。https://www.linkedin.com/pulse/ai-query-understanding-daniel-tunkelang/。

[18] 多模態影片表達方式學習。https://arxiv.org/pdf/2012.04124.pdf。

[19] 多語言的語言模型。https://arxiv.org/pdf/2107.00676.pdf。

[20] 幾乎都是重複的影片，如何進行偵測。https://arxiv.org/pdf/2005.07356.pdf。

[21] 通用化的搜尋相關性。https://livebook.manning.com/book/ai-powered-search/chapter-10/v-10/20。

[22] 搜尋和推薦系統裡的新穎度。https://developers.google.com/machine-learning/recommendation/dnn/re-ranking。

[23] Amazon 的語意產品搜尋。https://arxiv.org/pdf/1907.00937.pdf。

[24] Yahoo 搜尋裡的相關性排名。https://www.kdd.org/kdd2016/papers/files/adf0361-yinA.pdf。

[25] 電子商務裡的語意產品搜尋。https://arxiv.org/pdf/2008.08180.pdf。

5

有害內容偵測

Facebook [1]、LinkedIn [2] 和 Twitter [3] 等等許多社群媒體平台，都有標準的指導原則，用來落實誠信原則，以確保使用者在平台上的安全性。這些指導原則會禁止掉一些對社群有害的使用者行為、活動和內容。這其中很重要的就是要有適當的技術和資源，去識別出有害的內容與不良的行為者。

我們可以把落實誠信原則的重點分成兩大類：

- **有害的內容**：內容包含暴力、色情、自殘、仇恨言論等等之類的貼文。

- **不良行為 / 不良行為者**：假帳號、垃圾郵件、網路釣魚、有組織的不道德活動，以及其他不安全的行為。

本章會把重點放在如何偵測出可能包含有害內容的貼文。具體來說，我們設計了一套系統，可以主動監控最新的貼文，偵測出有害的內容，並在內容違反平台指導原則時，把它刪除或降級（demote）。如果想瞭解企業在實務上如何建構有害內容偵測系統，請參閱 [4][5][6]。

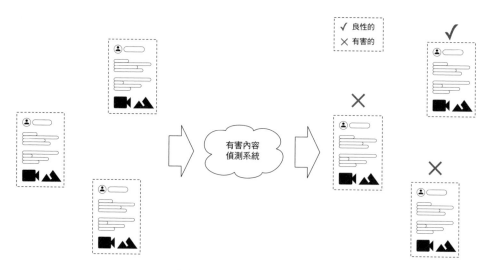

圖 5.1　有害內容偵測系統

把各種要求明確化

以下就是應試者和面試官之間很典型的一段互動過程。

應試者：系統是否需要把有害的內容與不良行為者全都偵測出來？

面試官：這兩件事都很重要。不過為了簡單起見，我們只要先專心偵測出有害的內容就可以了。

應試者：貼文裡只包含文字，還是有可能包含圖片和影片？

面試官：貼文的內容有可能包含文字、圖片、影片，或是這些形式的任意組合。

應試者：需要支援哪些語言呢？只需要支援英文嗎？

面試官：這個系統應該要有能力偵測出各種語言的有害內容。為了簡單起見，假設我們可以利用一個預訓練過的多語言模型，把文字內容轉換成內嵌。

應試者：我們希望可以識別出哪些特定種類的有害內容？我能想到的就是一些暴力、色情、仇恨言論、錯誤資訊之類的內容。還有其他種類的有害內容需要列入考慮嗎？

面試官：太好了，你提出了一個很重要的問題。不過，錯誤資訊算是比較複雜而且有爭議性。為了簡單起見，我們先不去處理錯誤資訊。

應試者：我們有沒有負責標記的人，可以用人工方式標記貼文？

面試官：這個平台每天都會有超過 5 億則的貼文。要求人類來為所有這些內容做標記，成本肯定昂貴又耗時。不過你可以假設，我們有一些人力可以去標記有限數量（例如每天 10,000 則）的貼文。

應試者：如果能讓使用者檢舉有害內容，應該更有利於瞭解系統的問題所在。我可以假設系統具有這樣的功能嗎？

面試官：好主意。可以的，使用者可以檢舉有害的貼文。

應試者：如果貼文被視為有害而被刪除，我們是否應該做出解釋？

面試官：是的。向使用者解釋我們為什麼會刪除貼文，也是很重要的一環。這個做法也可以協助使用者，確保自己未來的貼文能符合我們的指導原則。

應試者：關於系統的延遲，有什麼樣的要求呢？我們是否需要進行即時預測（也就是系統必須立刻偵測出有害的內容，並阻止內容發佈），還是可以依靠批量預測的做法（也就是每小時或每天以離線的方式偵測出有害的內容）？

面試官：這是一個非常重要的問題。你有什麼想法？

應試者：我認為，不同類型的有害內容，可能有不同的需求。舉例來說，暴力內容可能就需要立刻解決，至於其他的內容，也許晚一點才偵測出來也行。

面試官：你說的這些，都是相當合理的假設。

好，我們就來總結一下問題的陳述吧。我們會設計出一個有害內容偵測系統，這個系統可以識別出有害的貼文，然後把它刪除或降級，再告知使用者為什麼這則貼文會被認定為有害。貼文的內容可以是文字、圖片、影片或是任意的組合，而且內容可以採用不同的語言。使用者可以檢舉有害的貼文。

用框架把問題轉化成 ML 任務

定義 ML 的目標

我們會把 ML 的目標，定義成能夠準確預測出有害的貼文。因為如果可以準確偵測出有害的貼文，我們就可以進一步把它刪除或降級，從而創造出一個更安全的平台。

設定系統的輸入和輸出

這個系統會接受貼文作為輸入，然後再輸出這個貼文有害的機率。

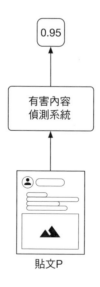

圖 5.2　有害內容偵測系統的輸入 / 輸出

接著來深入研究一下輸入的貼文。如圖 5.3 所示，貼文本身有可能是各種異質（heterogeneous）的內容，也有可能是由各種不同類型的資料所組成的多模態（multimodal）內容。

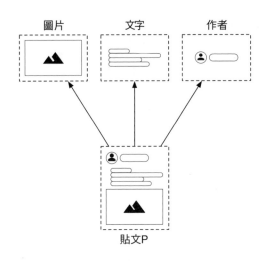

圖 5.3　由不同成分所構成的異質貼文資料

如果想做出準確的預測，系統就應該考慮所有的模態（modalities）。我們就來討論兩種常用的異質資料融合方法：晚期融合與早期融合。

晚期融合（Late Fusion）

在晚期融合的做法下，ML 模型會獨立處理不同的模態，然後再把各自的預測結合起來，以作為最後的預測。下圖說明的就是晚期融合的工作原理。

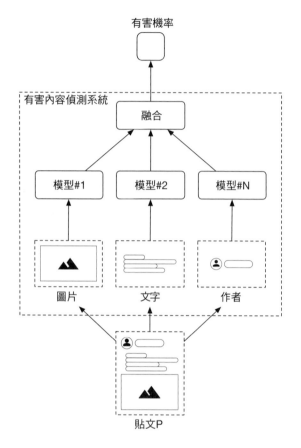

圖 5.4　晚期融合

晚期融合的優點就是，每個模型都可以獨立進行訓練、評估與改進。

不過，晚期融合有兩個主要的缺點。第一，為了訓練這些單獨的模型，我們需要針對每一種模態提供單獨的訓練資料，這很有可能既耗時又昂貴。

第二，就算這些模態個別看來都是良性的，結合起來之後還是可能有害。像是一些結合圖片和文字的迷因（meme），就經常出現這樣的情況。在這種情況下，晚期融合就無法預測出內容是否有害了。因為每一種模態都是良性的，所以這樣的模型在處理每一種模態時，都會預測出良性的結果。因為每一個單獨模態的輸出都是良性的，所以融合層的輸出也會是良性

的。但這樣並不是正確的結果，因為多種模態結合之後，可能就是有害的了。

早期融合（Early Fusion）

在早期融合的做法下，不同的模態會先被結合起來，然後才送入模型進行預測。圖 5.5 說明的就是早期融合的工作原理。

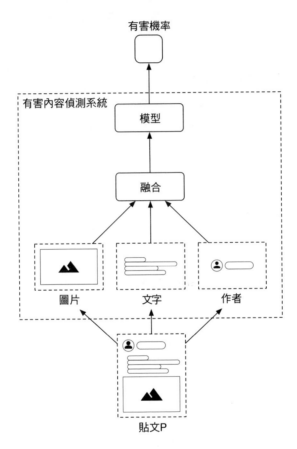

圖 5.5　早期融合

早期融合有兩個主要的優點。第一，不必針對每一種模態單獨收集訓練資料。由於只有一個模型需要進行訓練，因此只需要收集這個模型的訓練資料就行了。第二，這個模型會考慮所有的模態，所以就算每個模態都是良性的，只要結合起來是有害的，這個模型還是可以靠融合之後的特徵向量把它擷取出來。

不過，由於模態之間複雜的關係，因此要學習這種任務，對於模型來說更加困難。在缺乏足夠訓練資料的情況下，模型想要學會複雜的關係，並做出良好的預測，相當具有挑戰性。

我們應該使用哪一種融合方法？

我們會採用早期融合方法，因為這樣就可以讓模型從總體上來進行判斷，就算每一種模態本身都是良性的，還是能夠擷取出可能有害的貼文。此外，由於每天都有大約 5 億則的貼文，因此這個模型應該有足夠的資料來學習這個任務。

選擇正確的 ML 類別

本節打算檢視以下這幾種 ML 類別：

- 只採用單一個二元（Binary）分類器
- 每一種有害類別各採用一個二元分類器
- 多標籤（Multi-label）分類器
- 多任務（Multi-task）分類器

只採用單一個二元分類器

這個模型會把融合後的特徵當成輸入，然後再預測出貼文有害的機率（如圖 5.6 所示）。由於輸出是二元的結果，因此這個模型就叫做二元分類器。

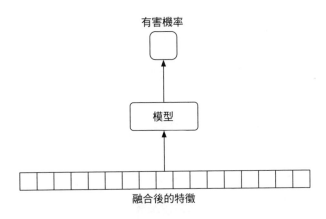

圖 5.6　只採用單一個二元分類器

這個做法的缺點，就是很難判斷貼文屬於哪一類（例如暴力、色情……）的有害內容。這個限制導致了兩個主要的問題：

- 想告訴使用者刪除貼文的理由，變得很不容易，因為系統只會輸出一個二元的值，告訴我們貼文是否有害。我們完全無法知道這則貼文究竟屬於哪一類的有害內容。

- 想要分辨系統面對哪一種有害類別時表現特別不好，這件事也很不容易；這也就表示，我們無法針對表現特別不好的類別，對系統進行改進。

由於我們必須解釋為什麼要刪除貼文，所以只採用單一個二元分類器的做法，並不是一個好選擇。

每一種有害類別各採用一個二元分類器

在這個做法下，我們會針對每一種有害類別，各自採用一個二元分類器。如圖 5.7 所示，每個模型都會各自判斷貼文是否屬於特定的有害類別。每個模型都是把融合後的特徵當成輸入，然後預測出貼文被分類為相應有害類別的機率。

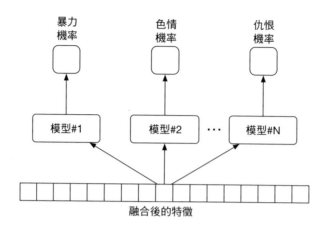

圖 5.7　每一種有害類別各自採用一個二元分類器

這個做法的優點，就是可以向使用者解釋貼文被刪除的理由。此外，我們可以分別監控不同的模型，然後再獨立進行改進。

不過，這種做法有一個主要的缺點。由於採用了多個模型，因此必須單獨進行訓練與維護。這些模型要分別進行訓練，實在是既耗時又昂貴。

多標籤分類器

多標籤分類的做法，則是把資料點歸類到好幾個不同的類別中，而且可歸類的數量，完全沒有限制。這種做法只需要用到單獨一個多標籤分類器模型就足夠了。如圖 5.8 所示，模型的輸入依然是融合後的特徵，然後模型就可以預測出各個有害類別的機率。

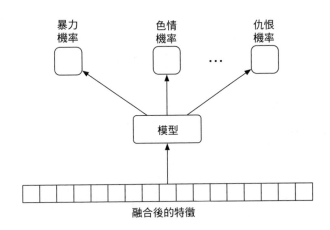

圖 5.8　多標籤分類器

由於所有的有害類別全都共用同一個模型，因此模型的訓練和維護成本會比較低一點。如果想瞭解更多關於這種做法的訊息，請參考一個叫做 WPIE [7] 的做法。

不過，共用同一個模型來預測出所有有害類別的機率，並不是很理想的做法，因為輸入的特徵有可能需要針對不同的情況，進行不同的轉換。

多任務分類器

多任務學習（Multi-task Learning）就是讓模型同時學習多種任務的一種程序。這種做法可以讓模型學習到不同任務之間的共通性。如果真的有某種可通用的輸入轉換方式，確實對各種任務都有助益，這樣的做法就能避免掉一些不必要的計算。

以這裡的例子來說，我們可以把不同類別（例如暴力、色情 ...）的有害內容，視為不同的任務，然後用多任務分類模型來學習每一個任務。如圖 5.9 所示，多任務分類可分成兩個階段：共用層（shared layer）和各任務專屬層（task-specific layer）。

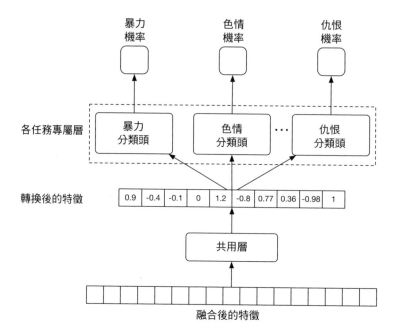

圖 5.9　多任務分類的概要說明

共用層

共用層如圖 5.10 所示，它就是能夠把輸入的特徵轉換成新特徵的一組隱藏層。經過轉換之後的這些新特徵，接下來就會被用來預測各個有害的類別。

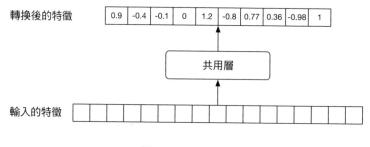

圖 5.10　共用層

各任務專屬層

各任務專屬層就是一堆各自獨立的 ML 層（也就是所謂的分類頭；
classification head）。每一個分類頭都會以「最能有效預測出特定有害機
率」的方式，來對特徵進行轉換。

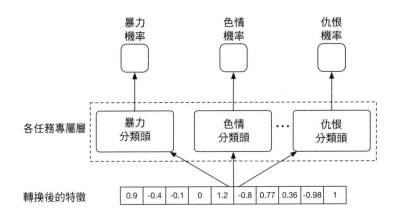

圖 5.11　各任務專屬層

多任務分類的做法有三個優點。第一，由於我們使用的是單獨一個模型，
因此訓練與維護的成本並不昂貴。第二，共用層會找出對各個任務都有利
的方式來對特徵進行轉換。這樣就可以避免掉一些多餘的計算，讓多任務
分類變得更有效率。第三，每一個任務的訓練資料，同時也可以用於學習
其他的任務。如果有某些任務可運用的資料很有限，這樣的做法特別好
用。

基於這些優點，我們決定採用多任務分類方法。圖 5.12 顯示的就是我們
用這個框架來轉化問題的結果。

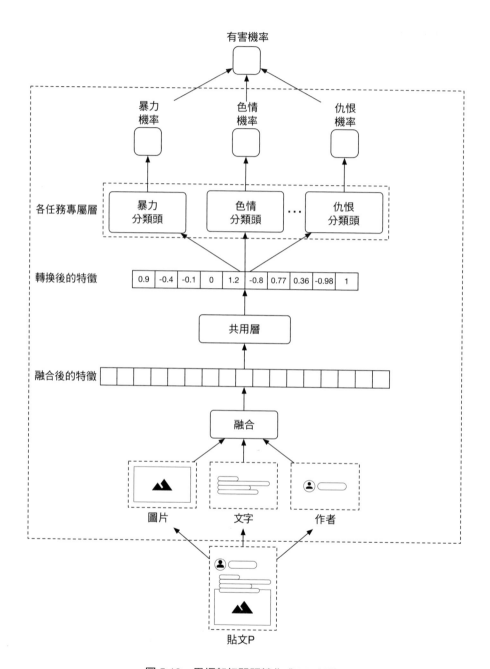

圖 5.12　用框架把問題轉化成 ML 任務

資料的準備

資料工程

我們有以下這些可運用的資料：

- 使用者

- 貼文

- 使用者與貼文的互動

使用者

使用者資料的架構如下表所示。

表 5.1　使用者資料的架構

ID	使用者名稱	年齡	性別	城市	國家	電子郵件

貼文

貼文資料包含作者、上傳時間等等欄位。表 5.2 顯示的就是其中一些最重要的屬性。在實務上，每則貼文通常都會有好幾百個相關的屬性。

表 5.2　貼文資料

貼文 ID	作者 ID	作者的 IP	時間戳	文字內容	圖片或影片	連結
1	1	73.93.220.240	1658469431	今天，我開始節食。	http://cdn.mysite.com/u1.jpg	-
2	11	89.42.110.250	1658471428	這部影片震撼了我！請捐款	http://cdn.mysite.com/t3.mp4	gofundme.com/f/3u1njd32
3	4	39.55.180.020	1658489233	灣區有什麼好餐廳呢？	http://cdn.mysite.com/t5.jpg	-

使用者與貼文的互動

使用者與貼文的互動資料，主要包括使用者對貼文的反應，例如按讚、留言、保存、分享等等。使用者也可以檢舉有害的貼文，或是請求申訴。表 5.3 顯示的就是這類資料的例子。

表 5.3　使用者與貼文的互動資料

使用者 ID	貼文 ID	互動類型	互動內容	時間戳
11	6	展示	-	1658450539
4	20	按讚	-	1658451341
11	7	留言	這太噁心了	1658451365
4	20	分享	-	1658435948
11	7	檢舉	暴力內容	1658451849

特徵工程

在之前「用框架把問題轉化成 ML 任務」一節中，我們已經把問題轉化成多任務分類任務，其中的輸入是貼文。我們打算在本節探討一下，從貼文裡能取出哪些具有預測性的特徵。

貼文裡可能包含以下這幾個元素：

- 文字內容
- 圖片或影片
- 使用者對於貼文的反應
- 作者
- 相關背景資訊

我們就來逐一看看每個元素吧。

文字內容

貼文的文字內容，可用來判斷貼文是否有害。如第 4 章「YouTube 影片搜尋」所述，我們通常會透過兩個步驟來準備文字資料：

- 文字預處理（例如正規化、Token 化）

- 向量化（Vectorization）：把經過預處理之後的文字，轉換成具有某種意義的特徵向量

這裡就來特別談一談向量化好了；因為對於本章來說，這是個很特別的主題。如果要對文字進行向量化處理，提取出特徵向量，可以考慮採用統計的做法，也可以採用 ML 型的做法。像 BoW 或 TF-IDF 之類的統計做法，很容易就能實現，而且計算的速度也很快。不過，這種做法無法針對文字的語義進行編碼。對我們的系統來說，為了判斷內容是否有害，內容文字的語意理解非常重要，因此我們決定採用 ML 型的做法。為了把文字轉換成特徵向量，我們採用了一個預先訓練好的 Transformer 型語言模型（例如 BERT [8]）。不過，原始的 BERT 模型有兩個問題：

- 由於模型的尺寸比較大，需要很長的時間才能生成文字內嵌。由於這是一個速度很慢的處理程序，因此在線上預測的情境下並不適合採用。

- BERT 接受的是純英語資料的訓練。因此，它無法針對其他語言的文字，生成有意義的內嵌。

DistilmBERT [9] 則是 BERT 模型另一個更有效的變體模型，它同時解決了前面所提的兩個問題。如果兩個句子具有相同的涵義，但使用了兩種不同的語言，所得出的內嵌還是會非常相似。如果想瞭解多語言的語言模型（multilingual language models），更多相關資訊請參閱 [10]。

圖片或影片

只要查看貼文裡的圖片或影片，通常就能對貼文內容有一定的瞭解。下面所列的兩個步驟，經常被用來處理圖片或影片這類的非結構化資料。

- **預處理：**對資料進行解碼、重新調整大小與正規化處理。

- **特徵提取：**預處理完成之後，我們就會用一個預訓練過的模型，把非結構化資料轉換成特徵向量。這樣我們就可以改用特徵向量來表示那些圖片或影片了。以圖片來說，像 CLIP 的視覺編碼器 [11] 或

SimCLR [12] 這類預訓練過的圖片模型，都是可採用的選項。而對
於影片來說，像是 VideoMoCo [13] 這樣的預訓練模型，或許就有很
好的效果了。

使用者對於貼文的反應

我們也可以根據使用者的反應，來判斷貼文是否有害，尤其是內容並沒有
那麼好判斷的情況。如圖 5.13 所示，隨著留言越來越多，這則貼文本身
包含有自殘相關內容的情況，也就越來越明顯了。

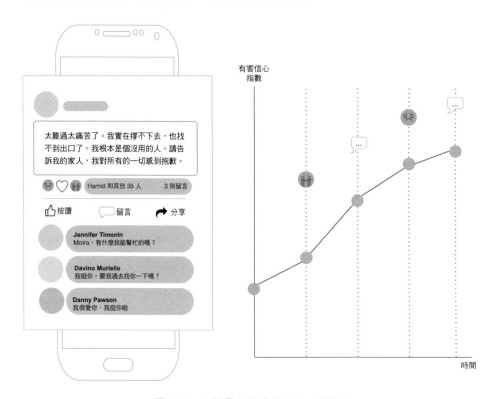

圖 5.13　可能帶有自殘傾向的一則貼文

由於使用者的反應對於有害內容的判斷非常重要，因此我們不妨來檢視一
下，我們可以根據使用者的反應設計出哪一些特徵。

按讚、分享、留言和檢舉的數量：通常我們會針對這些數值進行跨度調整，以加快模型在訓練期間收斂的速度。

留言：如圖 5.13 所示，留言可以協助我們辨認出有害的內容。在特徵的準備階段，我們會執行以下的操作，把留言轉換成數值表達方式：

- 運用我們之前用過的同一個預訓練模型，來取得每則留言相應的內嵌。

- 針對內嵌進行彙整計算（例如取平均），以得出最終的內嵌。

圖 5.14 總結了我們到目前為止所提過的各種特徵。

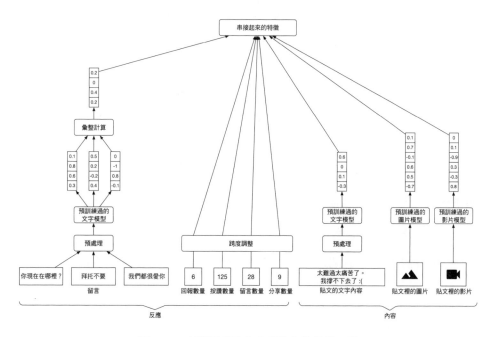

圖 5.14　針對反應和內容所進行的特徵工程

作者相關特徵

作者本身過去的互動情況，也可以用來判斷這則貼文是否有害。我們就來設計一些與貼文作者相關的特徵吧。

作者的違規歷史

- **違規次數**：這個數值代表的是作者過去違反指導原則的次數。

- **使用者檢舉總次數**：這個數值代表的是其他使用者檢舉這個作者貼文的次數。

- **髒話率**：這個數值代表的是這個作者在先前的貼文和留言裡講出髒話的比率。這裡會用到一個預先定義好的髒話列表，用來判斷某些詞語是不是髒話。

作者的人口統計相關值

- **年齡**：使用者的年齡是其中一個最重要的、相當具有預測性的特徵。

- **性別**：使用者的性別屬於類別化特徵。我們會用 one-hot 編碼來作為性別的表達方式。

- **城市與國家**：不同的城市和國家，各自都存在著許多不同的價值觀。為了表達這樣的特徵，我們會用一個內嵌層把城市和國家轉換成特徵向量。請注意，one-hot 編碼並不是一種用來表示城市和國家的有效表達方式，因為這樣的表達方式會變得又冗長又稀疏。

帳號資訊

- **追蹤者與追蹤的數量**

- **帳號的年齡**：這個數值可以告訴我們，作者的帳號是多久之前建立的。這是個蠻有預測性的特徵，因為帳號創建的時間越近，越有可能是垃圾帳號，越有可能違反誠信原則。

相關背景資訊

- **一整天裡的哪個時段**：也就是作者是在一整天裡的那個時段發出貼文。我們可以把一整天分成好幾個時段，例如上午、中午、下午、傍晚或晚上。這裡會用 one-hot 編碼來作為這個特徵的表達方式。

- **所使用的設備：** 作者所使用的設備，例如智慧型手機或桌上型電腦。這個特徵可以用 one-hot 編碼來作為表達方式。

圖 5.15 總結了有害內容偵測系統其中一些最重要的特徵。

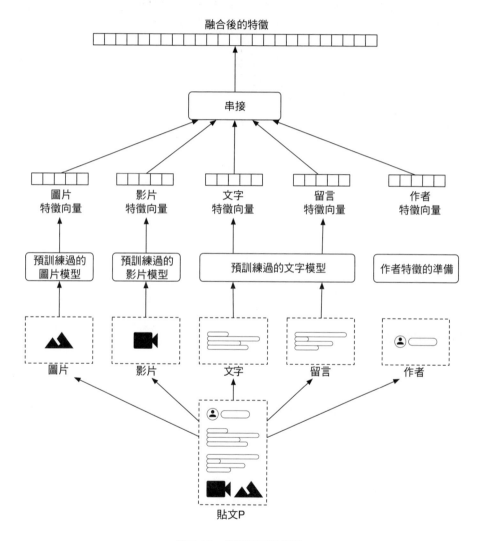

圖 5.15　特徵工程的總結

模型的開發

模型的選擇

神經網路（neural network）可以說是多任務學習方面最常被運用的一種模型。我們在這裡所要開發的模型，採用的就是神經網路。

在選擇神經網路時，需要考慮哪些因素呢？我們必須針對神經網路的架構設計做出判斷，挑選出最佳的超參數，例如應該選擇哪些隱藏層、激活函數、學習速度等等。超參數的最佳選擇，通常是透過超參數調整程序決定下來的。我們就來簡單說明一下。

超參數調整（Hyperparameter Tuning）指的就是找出超參數最佳值的一個程序，可以讓模型展現出最佳的表現。調整超參數時，通常會用到格子點搜尋（grid search 譯註：先在參數空間裡切出大量的格子點，然後以地毯式的方式，計算每個格子點相應的結果，再從大量的計算結果裡挑出最佳的結果。）的做法。這個程序會針對超參數的每一組數值組合，訓練出一個新模型，然後再對每個模型進行評估，最後選出模型表現最好的那一組超參數。如果你有興趣想瞭解更多關於超參數調整的資訊，請參閱 [14]。

模型的訓練

資料集的建構

如果想訓練多任務分類模型，首先就是要建構出資料集。這個資料集應該包含模型的輸入（特徵），以及模型所要預測的輸出（標籤）。建構輸入資料時，我們會以批量、離線的方式處理貼文，並計算出融合後的各種特徵，這個部分前面已經談過了。這些特徵可以儲存在特徵儲存空間，以作為將來訓練之用。我們也要針對每個輸入建立相應的標籤；這裡有兩種選擇：

- 手工標記
- 自然標記

手工標記的做法，就是請真正的人類以人工方式對貼文進行標記。這種做法可以做出相當準確的標記結果，不過成本既昂貴又耗時。至於自然標記的做法，我們靠的是使用者檢舉的資訊，以自動的方式對貼文進行標記。雖然這個做法容易導致所標記的標籤出現比較大的雜訊，不過標籤的生成速度比較快。以評估組資料來說，我們會採用手工標記的做法，主要是因為必須優先考慮標籤的正確率；至於訓練組資料，則採用自然標記的做法，因為我們必須優先考慮標記的速度。這樣所建構出來的資料集，其中的資料點範例如圖 5.16 所示。

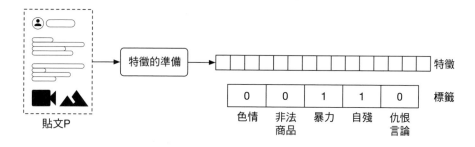

圖 5.16　所建構出來的資料點

挑選損失函數

多任務神經網路的訓練方式，與我們訓練一般神經網路模型的典型做法非常類似。我們會透過正向傳播（forward propagation）來計算出預測結果，然後用損失函數來衡量預測的正確性，再利用反向傳播（backward propagation）來找出模型的最佳化參數，以降低下一次迭代計算的損失值。這裡就來檢視一下損失函數吧。在多任務訓練的過程中，每個任務都會根據相應的 ML 類別，指定一個相應的損失函數。以這裡的例子來說，每個任務都被轉化成二元分類，因此我們會針對每一個任務，採用標準的二元分類損失函數（例如交叉熵）。總體的損失值則是結合各個任務的損失值來進行計算，如圖 5.17 所示。

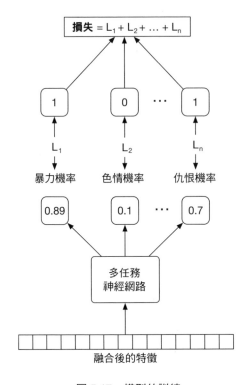

圖 5.17　模型的訓練

訓練多模態系統時，常見的挑戰就是過度套入（overfitting）[15]。舉例來說，如果不同模態的學習速度並不相同，其中一種模態（例如圖片）或許就有可能主導整個學習的過程。解決這個問題的其中兩種技術，就是所謂的梯度交融（gradient blending）和焦點損失函數（focal loss）。如果你有興趣瞭解更多關於這些技術的資訊，請參閱 [16][17]。

進行評估

離線指標

如果要評估二元分類模型的表現，通常都會使用精確率、召回率、F1 分數等等這些離線指標。不過，只靠精確率或召回率，並不足以瞭解模型整體的表現。舉例來說，高精確率的模型，召回率有可能非常低。PR 曲線

（Precision-Recall curve；精確率 / 召回率曲線）以及 ROC 曲線（Receiver Operating Characteristic curve；接收器操作特徵曲線），則是用來解決這類的限制。我們就來逐一探討一下吧。

PR 曲線（精確率 / 召回率曲線）。 PR 曲線呈現的是模型精確率和召回率之間的權衡取捨。如圖 5.18 所示，我們會針對不同機率門檻值（範圍從 0 到 1），計算出模型相應的精確率與召回率，以繪製出 PR 曲線。為了對精確率和召回率之間的權衡取捨做出總結，我們會計算出精確率 / 召回率曲線下方的面積，得出 PR-AUC（PR 曲線下的面積）的值。一般來說，PR-AUC 越高，就代表模型越準確。

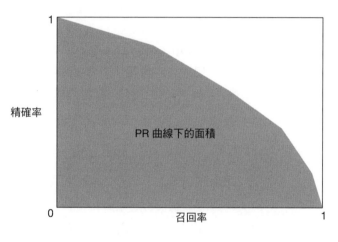

圖 5.18　PR 曲線

ROC 曲線（接收器操作特徵曲線）。 ROC 曲線呈現的是真陽性率（召回率）和假陽性率兩者之間的權衡取捨。與 PR 曲線很類似的是，我們會計算出 ROC 曲線下方的面積（ROC-AUC），來作為模型表現的總結。

ROC 曲線和 PR 曲線，就是用來總結分類模型表現的兩種不同做法。如果想要瞭解 PR 曲線和 ROC 曲線之間的差異，請參閱 [18]。

在這裡的例子中，我們會採用 ROC-AUC 和 PR-AUC 來作為離線指標。

線上指標

接著就來探討另一些重要的指標，看看我們的平台有多麼安全。

盛行率（Prevalence）。這個指標衡量的是，我們沒有阻擋下來的有害貼文，佔整個平台上所有貼文的比例。

$$盛行率 = \frac{我們沒有阻擋下來的有害貼文數量}{平台上的貼文總數量}$$

這個指標的缺點，就是它對所有的有害貼文，全都一視同仁。舉例來說，一篇具有 10 萬次瀏覽次數的有害貼文，顯然比起兩篇瀏覽次數只有 10 次的貼文，具有更大的危害性。

有害內容的展示次數（Harmful Impressions）。相較於盛行率，我們更喜歡這個指標。原因是平台上有害貼文的數量，並不能呈現出有多少人受到這些貼文的影響，不過有害內容的展示次數，確實可以反映出這方面的資訊。

有效申訴率（Valid Appeals）。一開始被認定為有害、但申訴之後結果反轉的貼文百分比。

$$申訴次數 = \frac{申訴成功反轉的次數}{系統偵測到的有害貼文數量}$$

主動發現率（Proactive Rate）。系統在使用者檢舉之前就已經事先發現並予以刪除的有害貼文百分比。

$$主動發現率 = \frac{系統所偵測到的有害貼文數量}{（系統所偵測到的有害貼文數量 + 使用者檢舉的貼文數量）}$$

各有害類別的使用者檢舉次數（User Reports Per Harmful Class）。這個指標主要是查看各個有害類別的使用者檢舉次數，藉此來衡量系統的表現。

提供服務

圖 5.19 顯示的就是從比較高角度來看的 ML 系統設計圖。我們就來仔細看看每一個組件吧。

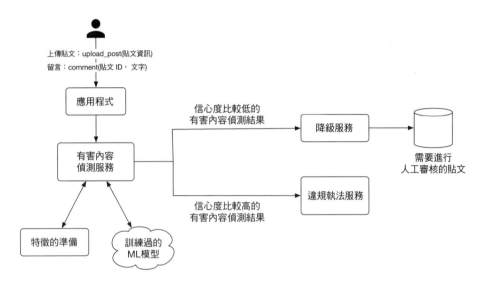

圖 5.19　ML 系統設計圖

有害內容偵測服務

只要給定一則新貼文，這個服務就可以預測出內容有害的可能性。根據要求，某些類型的有害內容比較敏感，所以應該要立即處理。只要一出現這種情況，違規執法（Violation Enforcement）服務就會立刻刪除掉這則貼文。

違規執法（Violation Enforcement）服務

如果有害內容偵測服務相當可靠，違規執法服務就可以立刻刪除掉內容有害的貼文。它也會通知使用者，為什麼貼文會被刪除。

降級服務

如果有害內容偵測服務沒那麼可靠,則可以使用降級(Demoting)服務暫時把貼文降級,以降低貼文在使用者之間傳播的機會。

然後,這則貼文就會被保存在某個儲存空間,以進行人工審核。審核團隊會用人工方式審核這則貼文,再根據預先定義好的有害類別,給它指定一個標籤。我們也會在未來的訓練過程中,運用這些標記好的貼文來改進模型。

其他討論要點

- 處理人類所標記的標籤,其中所引入的特定偏見 [19]。

- 調整系統以偵測出正在流行的有害類別(例如 Covid-19、 選舉等等)[20]。

- 如何建構出一個可運用時間資訊(例如使用者的操作順序)的有害內容偵測系統 [21][22]。

- 如何有效挑選出需要人工審核的貼文樣本 [23]。

- 如何偵測出可靠的帳號和假帳號 [24]。

- 如何處理那種快要越線的內容 [25] —— 也就是指導原則並未禁止、但很接近紅線的內容類型。

- 如何讓有害內容偵測系統更有效率,以便可以部署在設備端 [26]。

- 如何用線性 Transformer 取代 Transformer 型架構,創建出更有效率的系統 [27] [28]。

總結

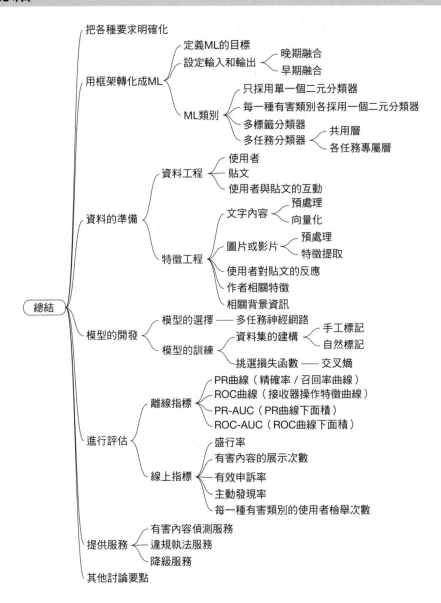

總結
- 把各種要求明確化
- 用框架轉化成ML
  - 定義ML的目標
  - 設定輸入和輸出
    - 晚期融合
    - 早期融合
  - ML類別
    - 只採用單一個二元分類器
    - 每一種有害類別各採用一個二元分類器
    - 多標籤分類器
    - 多任務分類器
      - 共用層
      - 各任務專屬層
- 資料的準備
  - 資料工程
    - 使用者
    - 貼文
    - 使用者與貼文的互動
  - 特徵工程
    - 文字內容
      - 預處理
      - 向量化
    - 圖片或影片
      - 預處理
      - 特徵提取
    - 使用者對貼文的反應
    - 作者相關特徵
    - 相關背景資訊
- 模型的開發
  - 模型的選擇 —— 多任務神經網路
  - 模型的訓練
    - 資料集的建構
      - 手工標記
      - 自然標記
    - 挑選損失函數 —— 交叉熵
- 進行評估
  - 離線指標
    - PR曲線（精確率／召回率曲線）
    - ROC曲線（接收器操作特徵曲線）
    - PR-AUC（PR曲線下面積）
    - ROC-AUC（ROC曲線下面積）
  - 線上指標
    - 盛行率
    - 有害內容的展示次數
    - 有效申訴率
    - 主動發現率
    - 每一種有害類別的使用者檢舉次數
- 提供服務
  - 有害內容偵測服務
  - 違規執法服務
  - 降級服務
- 其他討論要點

參考資料

[1]　Facebook 的不實行為政策。https://transparency.fb.com/policies/community-standards/inauthentic-behavior/。

[2]　LinkedIn 的專業社群政策。https://www.linkedin.com/legal/professional-community-policies。

[3]　Twitter 的公民誠信政策。https://help.twitter.com/en/rules-and-policies/election-integrity-policy。

[4]　Facebook 的誠信調查。https://arxiv.org/pdf/2009.10311.pdf。

[5]　Pinterest 的違規偵測系統。https://medium.com/pinterest-engineering/how-pinterest-fights-misinformation-hate-speech-and-self-harm-content-with-machine-learning-1806b7340ef。

[6]　LinkedIn 的濫用行為偵測。https://engineering.linkedin.com/blog/2019/isolation-forest。

[7]　WPIE 方法。https://ai.facebook.com/blog/community-standards-report/。

[8]　BERT 的論文。https://arxiv.org/pdf/1810.04805.pdf。

[9]　多語言的 DistilBERT。https://huggingface.co/distilbert-base-multilingual-cased。

[10]　多語言的語言模型。https://arxiv.org/pdf/2107.00676.pdf。

[11]　CLIP 模型。https://openai.com/blog/clip/。

[12]　SimCLR 的論文。https://arxiv.org/pdf/2002.05709.pdf。

[13]　VideoMoCo 的論文。https://arxiv.org/pdf/2103.05905.pdf。

[14]　超參數調整。https://cloud.google.com/ai-platform/training/docs/hyperparameter-tuning-overview。

[15]　過度套入。https://en.wikipedia.org/wiki/Overfitting。

[16]　焦點損失函數。https://amaarora.github.io/posts/2020-06-29-FocalLoss.html。

[17]　多模態系統中的梯度交融。https://arxiv.org/pdf/1905.12681.pdf。

[18] ROC 曲線 vs. PR 曲線。https://machinelearningmastery.com/roc-curves-and- precision-recall-curves-for-classification-in-python/。

[19] 人工標記所引入的特定偏見。https://labelyourdata.com/articles/bias-in-machine-learning。

[20] Facebook 快速應對正流行的有害內容的做法。https://ai.facebook.com/blog/harmful-content-can-evolve-quickly-our-new-ai-system-adapts-to-tackle-it/。

[21] Facebook 的 TIES 做法。https://arxiv.org/pdf/2002.07917.pdf。

[22] 時間性互動內嵌。https://www.facebook.com/atscaleevents/videos/730968530723238/。

[23] 建立和擴展人工審查系統。https://www.facebook.com/atscaleevents/videos/1201751883328695/。

[24] 濫用帳號偵測框架。https://www.youtube.com/watch?v=YeX4MdU0JNk。

[25] 快要越線的內容。https://transparency.fb.com/features/approach-to-ranking/content-distribution-guidelines/content-borderline-to-the-community-standards/。

[26] 有效率的有害內容偵測。https://about.fb.com/news/2021/12/metas-new-ai-system-tackles-harmful-content/。

[27] 線性 Transformer 的論文。https://arxiv.org/pdf/2006.04768.pdf。

[28] 偵測仇恨言論的高效率人工智慧模型。https://ai.facebook.com/blog/how-facebook-uses-super-efficient-ai-models-to-detect-hate-speech/。

6

影片推薦系統

在影片和音樂串流服務中，推薦系統扮演了一個非常關鍵的角色。舉例來說，YouTube 會推薦一些使用者可能喜歡的影片，Netflix 也會推薦一些使用者可能想看的電影，Spotify 則會推薦一些音樂給使用者。

我們在本章設計了一個類似 YouTube 的影片推薦系統 [1]。這個系統可以根據使用者的個人資料、先前的互動紀錄等資訊，在使用者的首頁推薦一些影片。

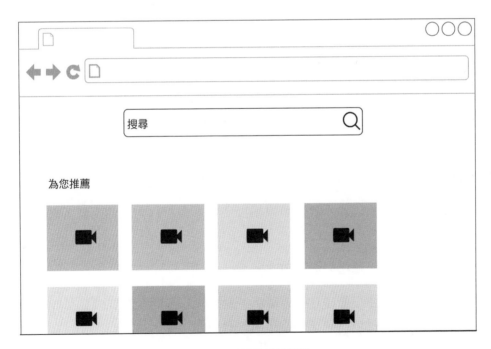

圖 6.1 首頁的影片推薦

推薦系統的設計通常非常複雜，需要大量工程上的努力，才能開發出很有效率又可擴展的系統。不過別擔心，沒有人期待你可以在 45 分鐘的面試過程中，構建出一個完美的系統。面試官最感興趣的，其實是觀察你的思考過程、溝通技巧、 ML 系統設計能力，以及斟酌如何進行權衡取捨的能力。

把各種要求明確化

以下就是應試者和面試官之間很典型的一段互動過程。

應試者： 我能不能假設，建構這個影片推薦系統的商業目標，就是提高使用者的參與度？

面試官： 沒問題。

應試者： 系統會根據使用者正在觀看的影片，推薦類似的影片嗎？還是會在使用者的首頁上，顯示個人化的影片列表？

面試官： 這是一個首頁影片推薦系統，所以請在使用者載入首頁時，向他推薦一些個人化的影片。

應試者： 由於 YouTube 是一項全球性的服務，我能不能假設使用者散布在世界各地，而且影片會使用各種不同的語言？

面試官： 這是個合理的假設。

應試者： 我能不能假設，我們可以根據使用者與影片內容的互動，來建構我們的資料集？

面試官： 可以，這聽起來蠻不錯的。

應試者： 使用者能不能建立播放清單，把影片放入同一個群組？在 ML 模型的學習階段，播放清單裡的資訊還蠻有用的。

面試官： 為了簡單起見，我們先假設還不支援播放清單這個功能。

應試者：平台上有多少影片可供運用？

面試官：我們大約有 100 億部影片。

應試者：系統向使用者推薦影片的速度應該有多快？我能不能假設，推薦時間應該不超過 200 毫秒？

面試官：聽起來蠻不錯的。

這裡就來總結一下問題的陳述吧。我們被要求設計出一個首頁影片推薦系統。商業上的目標就是提高使用者的參與度。使用者每次載入首頁時，系統都會向他推薦最能吸引到他的影片。使用者遍布世界各地，影片有可能使用各種不同的語言。這個平台上大約有 100 億部影片，推薦服務的速度應該要很快才行。

用框架把問題轉化成 ML 任務

定義 ML 的目標

這個系統在商業上的目標，就是提高使用者的參與度。這裡有好幾個值得考慮的選項，可以把商業上的目標轉化成定義很明確的 ML 目標。我們會研究其中幾個選項，並討論一下相應的權衡取捨考量。

最大化使用者的點擊次數。影片推薦系統可以設計成最大化使用者點擊次數。不過，這個目標有一個主要的缺點。這個模型可能會推薦所謂的「點擊誘餌」（clickbait）影片，也就是那種標題和縮圖看起來特別吸引人，可是影片的內容卻很無聊、沒什麼相關性，甚至還具有誤導性。「點擊誘餌」影片會隨著時間逐漸降低使用者的滿意度和參與度。

最大化完整觀看影片的數量。這個系統會推薦「使用者比較有可能完整看完」的影片。這個目標的一個主要問題在於，模型有可能會傾向於推薦那種比較快看完的短影片。

最大化總觀看時數。這個目標會推薦那種「使用者需要花比較多時間去觀看」的影片。

最大化影片的相關性。這樣的目標應該會推薦「與使用者比較相關」的影片。工程師或產品經理可以根據某些規則來定義相關性。這類的規則可以把使用者某些很明確或沒那麼明確的反應，用來作為判斷的依據。舉例來說，我們也許可以定義，如果使用者很明確按下「讚」的按鈕，或是看了影片至少一半以上的內容，這部影片就是相關的。一旦定義了相關性，我們就可以建立資料集，然後再訓練模型來預測出使用者與影片之間的相關性分數。

以這裡的系統來說，我們選擇最後這個目標來作為 ML 目標，因為這樣就可以讓我們更自由控制要使用哪些訊號。此外，這個目標也沒有前面所提到其他選項的一些缺點。

設定系統的輸入和輸出

如圖 6.2 所示，影片推薦系統會把使用者當成輸入，然後輸出一份按照相關性分數排序的影片排名列表。

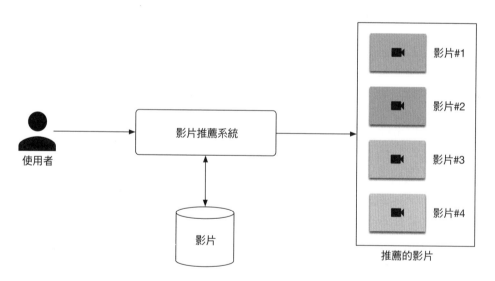

圖 6.2　影片推薦系統的輸入 / 輸出

選擇正確的 ML 類別

我們打算在本節研究個人化推薦系統的三種常見類型。

- 靠內容篩選（Content-based Filtering）

- 協同篩選（Collaborative filtering）

- 混合篩選（Hybrid Filtering）

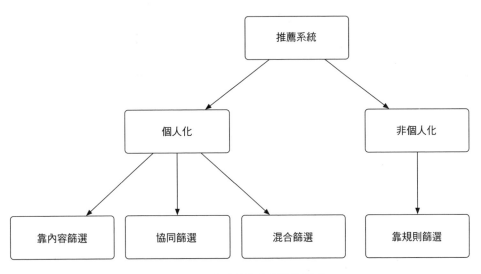

圖 6.3　推薦系統的幾種常見類型

接著就來詳細研究一下每一種類型吧。

靠內容篩選

這種技術會利用使用者過去認為相關的影片，靠這些影片的特徵來推薦類似的新影片。舉例來說，如果使用者之前觀看過許多滑雪影片，這個方法就會推薦更多的滑雪影片。圖 6.4 顯示的就是一個範例。

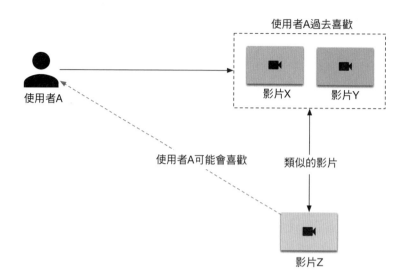

圖 6.4　靠內容篩選

以下就是上面這張圖的解釋。

1. 使用者 A 過去曾被影片 X 和影片 Y 吸引過

2. 影片 Z 與影片 X、影片 Y 很相似

3. 系統向使用者 A 推薦影片 Z

靠內容篩選的做法有優點也有缺點。

優點：

- **有能力推薦新影片。**在這樣的做法下，我們並不需要等待使用者與影片進行過互動，就可以為新影片建立影片相關資訊（video profiles）。影片相關資訊完全取決於影片本身的特徵。

- **有能力擷取出使用者獨特的興趣。**因為我們根據的是使用者先前的偏好，藉此方式推薦相關的影片。

缺點：

- **很難挖掘出使用者的新興趣。**

- 這種做法需要**特定領域的知識**。我們經常需要以人工方式為影片建立各種特徵。

協同篩選（CF）

協同篩選（Collaborative Filtering）就是善用使用者與使用者之間的相似度（靠人進行協同篩選），或是影片與影片之間的相似度（靠物進行協同篩選），藉此來推薦新的影片。協同篩選的運作方式，是以一個很直覺的概念為基礎，那就是相似的使用者應該也會對相似的影片感興趣才對。在圖6.5 中，你就可以看到一個靠人進行協同篩選的範例。

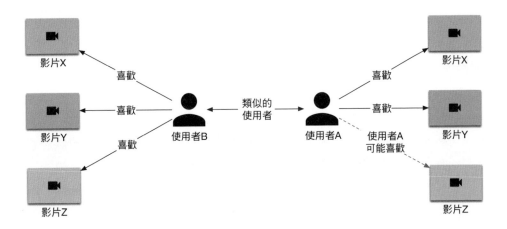

圖 6.5　靠人進行協同篩選

我們來解釋一下這張圖吧。我們的目標是向使用者 A 推薦一部新影片。

1. 根據先前的互動資訊，找出與 A 很相似的使用者——假設就是使用者 B

2. 找出使用者 B 看過但使用者 A 還沒看過的影片——假設就是影片 Z

3. 向使用者 A 推薦影片 Z

靠內容篩選和協同篩選之間最主要的區別在於，協同篩選並不會使用到影片的特徵，完全是靠使用者的互動歷史資訊來做出推薦。我們就來看看協同篩選的優缺點吧。

優點：

- **不需要特定領域的知識。**協同篩選並不是靠影片的特徵來做判斷，這也就表示，並不需要任何特定領域的知識，就能為影片建立一些特徵。

- **很容易挖掘出使用者全新的興趣領域。**這個系統可以根據其他類似的使用者過去看過的影片，向你推薦一些全新主題的影片。

- **很有效率。**協同篩選這類的模型，通常比靠內容篩選的速度更快，而且計算的強度也比較低，因為這種做法並不是靠影片相關特徵來做判斷。

缺點：

- **冷啟動（Cold-start）問題。**如果是新的影片或新的使用者，一開始可供運用的資料很有限，因此系統就會無法做出準確的推薦。由於新使用者或新的影片很缺乏互動歷史資料，因此協同篩選的做法會有冷啟動問題。這種互動資訊的缺乏，會讓協同篩選的做法找不出相似的使用者或影片。稍後在「提供服務」一節，還會討論我們的系統如何處理冷啟動問題。

- **無法處理一些比較小眾的興趣。**協同篩選很難處理一些比較專業或興趣比較小眾的使用者。協同篩選的做法必須靠相似的使用者來進行推薦，但如果同樣感興趣的使用者並不多，可能就很難找到相似的使用者了。

表 6.1　靠內容篩選與協同篩選的比較

	靠內容篩選	協同篩選
能處理新的影片	✓	✗
能挖掘出全新的興趣領域	✗	✓
不需要特定領域的知識	✗	✓
很有效率	✗	✓

兩種篩選類型的比較如表 6.1 所示。你可以看到，這兩種做法具有一定的互補效果。

混合篩選

混合篩選其實就是同時運用協同篩選以及靠內容篩選的做法。如圖 6.6 所示，混合篩選分別以平行或前後的方式，把協同篩選和靠內容篩選的推薦器結合了起來。在實務上，一般公司通常都是採用前後混合篩選的做法 [2]。

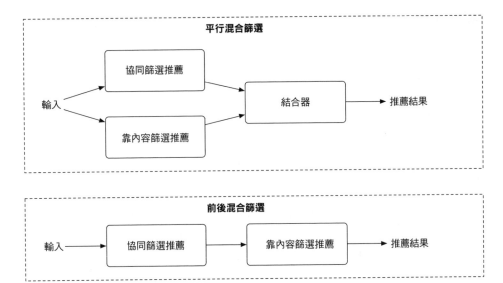

圖 6.6　混合篩選的兩種做法

這種做法可以帶來更好的推薦結果，因為它會使用到兩種資料來源：使用者的互動歷史，以及影片本身的特徵。影片本身的特徵可以讓系統根據使用者自己過去看過的影片來推薦相關的影片，協同篩選的做法則可以協助使用者挖掘出全新的興趣領域。

我們應該選擇哪一種做法？

許多公司都是採用混合篩選來做出更好的推薦。舉例來說，Google 發表過一篇論文 [2] 描述 YouTube 如何採用協同模型當成第一階段（候選項目生成器），然後再運用靠內容篩選的模型作為第二階段，藉此方式來推薦影片。由於混合篩選有這樣的優點，因此我們決定選擇這種做法。

資料的準備

資料工程

我們有以下這些可運用的資料：

- 影片
- 使用者
- 使用者與影片的互動

影片

影片資料包括影片原始檔案，以及相關的詮釋資料（metadata，例如影片 ID、影片長度、影片標題等等）。其中有一些屬性是由影片上傳者直接提供，另外還有一些其他屬性，則是系統在背後計算出來的（例如影片長度）。

表 6.2　影片的詮釋資料

影片 ID	長度	人工標籤	人工標題	按讚	觀看次數	語言
1	28	狗，家庭	Our lovely dog playing! （我們可愛的小狗在玩耍！）	138	5300	英語
2	300	汽車、機油	¿Cómo cambiar el aceite del coche? （如何更換汽車機油？）	5	250	西班牙語
3	3600	峇里島，Vlog	لقد ذهبنا إلى بالي لقضاء شهر العسل （我們去峇里島度蜜月）	2200	255K	阿拉伯語

使用者

下面這個簡單的表格，顯示的就是使用者的資料架構。

表 6.3　使用者的資料架構

ID	使用者名稱	年齡	性別	城市	國家	語言	時區

使用者與影片的互動

使用者與影片的互動資料，包含了使用者與影片的各種互動，其中包括按讚、點擊、影片展示和過去的搜尋紀錄。這些互動資料會與其他的相關背景資訊（例如位置和時間戳）記錄在一起。下表顯示的就是使用者與影片互動的一些紀錄。

表 6.4　使用者與影片的互動資料

使用者 ID	影片 ID	互動類型	互動內容	位置（緯度，經度）	時間戳
4	18	按讚	-	38.8951 -77.0364	1658451361
2	18	展示	8 秒	38.8951 -77.0364	1658451841
2	6	觀看	46 分鐘	41.9241 -89.0389	1658822820
6	9	點擊	-	22.7531 47.9642	1658832118
9	-	搜尋	集群基礎知識	22.7531 47.9642	1659259402
8	6	留言	令人驚歎的影片。謝啦	37.5189 122.6405	1659244197

特徵工程

我們希望這個 ML 系統能夠預測出與使用者相關的影片。接著我們就來設計一些特徵，協助系統做出明智的預測吧。

影片相關特徵

影片本身就有一些蠻重要的特徵，包括：

- 影片 ID
- 時間長度
- 語言
- 標題和標籤

影片 ID

這個 ID 屬於類別化資料。為了用數值化的向量來表示這種資料，我們會使用一個內嵌層，而且這個內嵌層是在模型的訓練期間透過學習而建立起來的。

時間長度

定義上來說，這大概就是影片從開始到結束的持續時間。這個資訊相當重要，因為有的使用者可能比較喜歡短一點的影片，有的使用者則比較喜歡長一點的影片。

語言

影片裡所使用的語言，也是一個很重要的特徵。因為使用者比較偏愛某種特定的語言，這是很自然的事。由於語言是一種類別化變數，而且一定是數量有限的一組離散值，因此我們會用一個內嵌層來取得它的表達方式。

標題和標籤

標題和標籤主要是用來說明影片的內容。這些資料有可能是影片上傳者以人工輸入的，也有可能是某些獨立的 ML 模型在背後預測出來的結果。影片的標題和標籤通常是很有價值的預測依據。舉例來說，影片的標題如果是「如何製作披薩」，就表示這部影片應該與披薩、料理有關。

如何準備這類的資料呢？以標籤來說，我們會用一個輕量級的預訓練模型（例如 CBOW [3]），把它轉換成特徵向量。

至於標題，則是採用前後文感知型（context-aware）的單詞內嵌模型（例如預訓練過的 BERT [4]），把它轉換成特徵向量。

圖 6.7 顯示的就是準備影片相關特徵的概要說明。

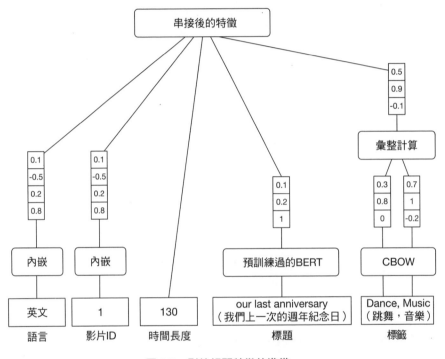

圖 6.7　影片相關特徵的準備

使用者相關特徵

我們把使用者相關特徵分成以下幾類：

- 使用者的人口統計相關值

- 相關背景資訊

- 使用者的互動歷史

使用者的人口統計相關值

關於使用者的人口統計相關特徵，概要說明如圖 6.8 所示。

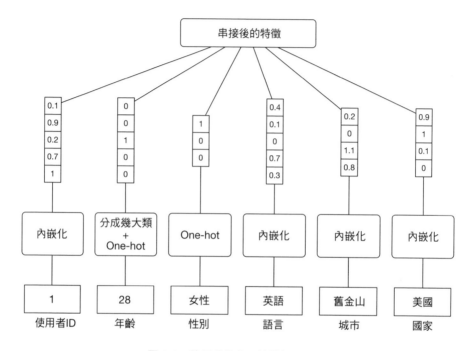

圖 6.8　使用者的人口統計相關特徵

相關背景資訊

以下就是擷取相關背景資訊所取得的一些重要特徵：

- **一整天裡的哪個時段**。使用者有可能在一整天裡不同的時段，觀看不同的影片。舉例來說，軟體工程師有可能會在傍晚的時候，觀看比較多的教育影片。

- **所使用的設備**。在行動設備上，使用者或許會比較喜歡短一點的影片。

- **一整個禮拜裡的哪一天**。使用者可能會根據當時是星期幾，而對影片有不同的偏好。

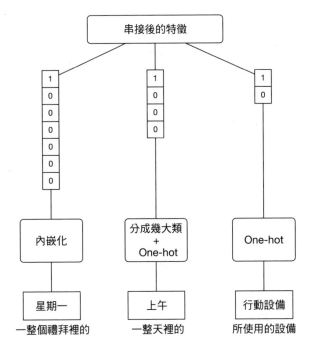

圖 6.9 與相關背景資訊有關的特徵

使用者的互動歷史

如果想瞭解使用者的興趣,使用者的互動歷史資料扮演了相當重要的作用。與互動歷史有關的一些特徵如下:

- 搜尋歷史紀錄

- 按讚的影片

- 展示過、觀看過的影片

搜尋歷史紀錄

為什麼這很重要？先前的搜尋紀錄可以呈現出使用者過去搜尋過什麼，而人的過去行為通常可以作為未來行為的一個指標。

如何準備這類的資料呢？運用一個預訓練過的單詞內嵌模型（例如 BERT），把每一次搜尋的查詢文字轉換成內嵌向量。請注意，使用者的搜尋歷史紀錄應該是一個長度不一的查詢文字列表。為了創建出一個能夠總結所有查詢文字、而且長度保持固定的特徵向量，我們會針對查詢文字的內嵌進行平均計算。

按讚的影片

為什麼這很重要？使用者之前按過讚的影片，可協助判斷出使用者所感興趣的內容類型。

如何準備這類的資料呢？用一個內嵌層把影片轉換成內嵌向量。接下來的做法與搜尋歷史紀錄的處理方式很類似，我們會針對按讚過的影片內嵌進行平均計算，以取得相應的固定長度向量。

展示過、觀看過的影片

「展示過的影片」和「觀看過的影片」轉換成特徵的處理方式，與按讚的影片處理方式非常類似。所以，這裡就不再贅述了。

圖 6.10 針對使用者與影片的互動，把相關的特徵做了一個總結。

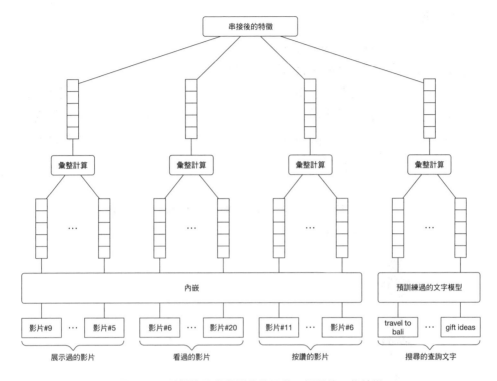

圖 6.10　針對使用者與影片的互動，相關的一些特徵

模型的開發

我們打算在本節研究兩種內嵌型（embedding-based）模型。只要是推薦系統，無論是採用協同篩選或是靠內容篩選，經常都會用到這兩種模型：

- 矩陣分解（Matrix factorization）
- 雙塔神經網路（Two-tower neural network）

矩陣分解

如果想搞懂「矩陣分解」模型，就必須先瞭解什麼是「回饋矩陣」（feedback matrix）。

175

回饋矩陣

也叫做「效用矩陣」（utility matrix）。它是一個可用來表達各使用者對於各部影片看法的矩陣。圖 6.11 顯示的就是一個二元的使用者 / 影片回饋矩陣，其中每一橫行代表一個使用者，每一縱列則代表一部影片。矩陣裡的每個項，則是用來代表使用者對於影片的看法。本章接下來會用「有值」（observed）或「正面」（positive）的描述方式，來專指那些（使用者，影片）相應值等於 1 的成對資料。

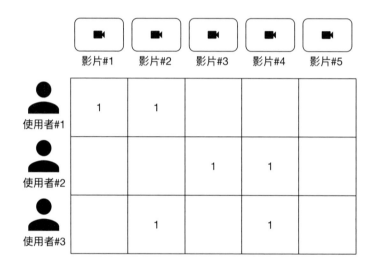

圖 6.11　使用者 / 影片回饋矩陣

使用者看到推薦的影片時，可能會產生各種使用者回饋。我們在建構回饋矩陣時，究竟應該用什麼來判斷，使用者有沒有把影片認定為相關的影片呢？這裡有三個選項：

- 很明確的使用者回饋

- 沒那麼明確的使用者回饋

- 把很明確與沒那麼明確的使用者回饋結合起來

很明確的使用者回饋。使用者可能會很明確表達自己對影片的看法（例如按讚和分享），我們可以根據這樣的互動來建構回饋矩陣。只要使用者明確表達出他對於影片的興趣，這種「很明確的使用者回饋」就能很準確反映出使用者的看法。不過，這個選項有一個主要的缺點：通常只有一小部分的使用者會做出這種很明確的使用者回饋，因此矩陣裡的值通常都會很稀疏。這樣的稀疏性會讓 ML 模型很難進行訓練。

沒那麼明確的使用者回饋。這個選項會運用到使用者與影片之間的一些互動（例如「點擊」或「觀看時間」），而這些互動與使用者的看法之間，其實並沒有那麼明確的關係。不過這種「沒那麼明確的使用者回饋」確實可以讓我們取得更多的資料點，從而訓練出更好的模型。這個選項最主要的缺點就是，這類的資訊並不能直接反映出使用者的看法，其中可能會帶有一些雜訊。

把很明確與沒那麼明確的使用者回饋結合起來。這個選項會透過嘗試錯誤的做法，把一些很明確與沒那麼明確的使用者回饋結合起來。

建立回饋矩陣時，哪一個才是最佳的選項？

由於我們的模型需要根據回饋矩陣裡的值來進行學習，因此當然要建立一個能符合我們先前所選擇 ML 目標的矩陣。

以這裡的情況來說，ML 的目標就是最大化相關性，而我們的相關性定義原本就是要把一些很明確與沒那麼明確的使用者回饋結合起來。所以，第三個選項就是我們的最佳選擇。

矩陣分解模型

矩陣分解是一個蠻單純的內嵌模型。這個演算法會把使用者 / 影片回饋矩陣分解成兩個相乘的低維矩陣。其中一個低維矩陣代表的是使用者內嵌，另一個則代表影片內嵌。換句話說，這個模型會透過學習，把每個使用者對應到一個內嵌向量，並把每部影片對應到一個內嵌向量，而這些內嵌向量之間的距離，則可以表現出彼此的相關性。圖 6.12 顯示的就是回饋矩陣被分解成使用者內嵌和影片內嵌的情況。

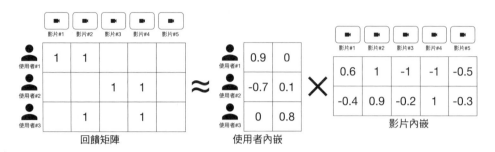

圖 6.12　把回饋矩陣分解成兩個相乘的矩陣

矩陣分解的訓練

在訓練的過程中，我們的目標就是要生成使用者內嵌矩陣和影片內嵌矩陣，讓兩者相乘的結果盡可能趨近於回饋矩陣（圖 6.13）。

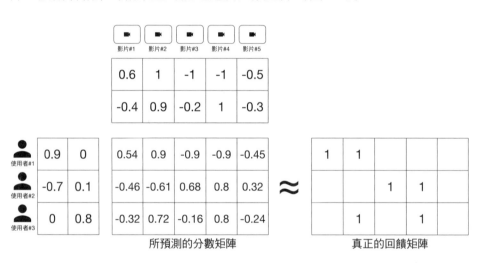

圖 6.13　兩個內嵌矩陣相乘的結果，應該要趨近於回饋矩陣

矩陣分解模型在學習內嵌的過程中，一開始會先以隨機的方式初始化兩個內嵌矩陣，然後再用迭代的方式，逐步降低「所預測的分數矩陣」和「真正的回饋矩陣」兩者之間的損失值，藉此得出最佳化的內嵌結果。損失函數的選擇，在這裡是很重要的一個考慮因素。我們就來探討其中的幾個選項吧：

- 只針對（使用者、影片）有值的成對資料，計算出相應的平方距離

- （使用者，影片）有值、無值的成對資料，全都要計算出相應的平方距離

- 分別針對有值、無值的成對資料，用加權方式計算出相應的平方距離

只針對（使用者，影片）有值的成對資料，計算出相應的平方距離

這個損失函數只會針對回饋矩陣裡有值（非零值）的成對資料，計算出相應的平方距離總和。相應的情況如圖 6.14 所示。

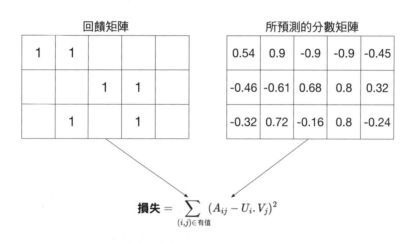

$$\text{損失} = \sum_{(i,j) \in \text{有值}} (A_{ij} - U_i.V_j)^2$$

圖 6.14　（使用者，影片）有值的成對資料，相應的平方距離

A_{ij} 指的是回饋矩陣裡第 i 橫行第 j 縱列的值，U_i 是使用者 i 的內嵌，V_j 是影片 j 的內嵌，然後我們只針對有值的成對資料進行加總。

只針對有值的成對資料進行加總，往往只會得出比較差的內嵌，因為如果模型對無值的成對資料做出了錯誤預測，損失函數根本不會給予懲罰。舉例來說，如果內嵌矩陣裡的值全都是 1，不管是用什麼訓練資料，損失值一定都是 0。但這樣的內嵌值根本無法用來代表那些沒見過的（使用者，影片）成對資料。

（使用者，影片）有值、無值的成對資料，全都要計算出相應的平方距離

這個損失函數會把無值的成對資料，視為「負面」（negative）的資料點，
並在回饋矩陣裡把相應的值設為 0。如圖 6.15 所示，損失函數會計算出回
饋矩陣裡所有項目的平方距離加總和。

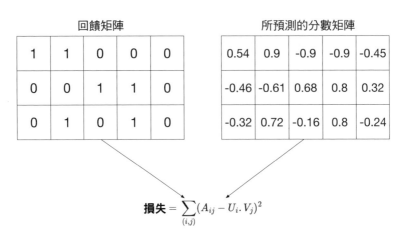

圖 6.15　所有（使用者，影片）成對資料相應的平方距離

如果模型對無值的部分做出了錯誤的預測，這個損失函數就會進行懲罰，
藉此解決先前所提到的問題。不過，這樣的損失函數有一個主要的缺點。
由於回饋矩陣通常是很稀疏的（有非常多無值的成對資料），因此在訓練
期間，無值的成對資料反而會取得主導的地位。這樣一來，就會導致預測
的結果大部分都很接近零。這並不是我們所要的結果，而且在面對沒見過
的（使用者，影片）成對資料時，實際上的預測效果也很差。

分別針對有值、無值的成對資料，用加權方式計算出相應的平方距離

為了克服損失函數前面所提到的那些缺點，我們選擇用加權的方式把兩者
重新結合起來。

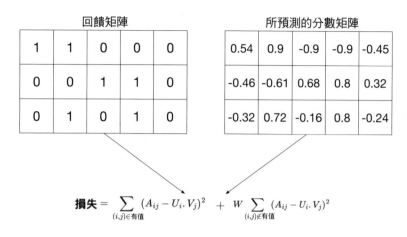

$$損失 = \sum_{(i,j) \in 有值} (A_{ij} - U_i.V_j)^2 \quad + \quad W \sum_{(i,j) \notin 有值} (A_{ij} - U_i.V_j)^2$$

圖 6.16　用加權方式組合起來的損失值

損失公式裡的第一個加總和計算的是有值的成對資料相應的損失，第二個加總和則是計算無值的成對資料相應的損失。W 是一個超參數，用來調整兩個加總和的權重。它可以確保訓練階段不會被其中一個加總和主導了學習的效果。在實務上只要適當調整 W，損失函數就能有很好的效果 [5]。我們的系統所選擇的就是這樣的損失函數。

矩陣分解的最佳化

如果要訓練 ML 模型，就需要用到最佳化演算法。矩陣分解最常用的兩種最佳化演算法，分別是：

- **隨機梯度遞減（SGD；Stochastic Gradient Descent）**：這個最佳化演算法可用來最小化損失 [6]。

- **加權交替最小平方法（WALS；Weighted Alternating Least Squares）**：這個最佳化演算法是專門給矩陣分解用的。WALS 的處理程序如下：

  (a) 固定其中一個內嵌矩陣（U），去最佳化另一個內嵌矩陣（V）

  (b) 固定另一個內嵌矩陣（V），再最佳化原本那個內嵌矩陣（U）

  (c) 重複以上步驟。

WALS 的收斂速度通常比較快，而且可以用平行化的方式來執行。
如果想瞭解更多關於 WALS 的資訊，請閱讀 [7]。

我們在這裡會選用 WALS 的做法，因為它收斂得比較快。

用矩陣分解模型來進行推論

如果想預測出任意使用者與某部候選影片之間的相關性，我們可以採用相
似度的衡量方式（例如點積）來計算出相應內嵌之間的相似性。舉例來
說，如圖 6.17 所示，使用者 #2 和影片 #5 之間的相關性分數就是 0.32。

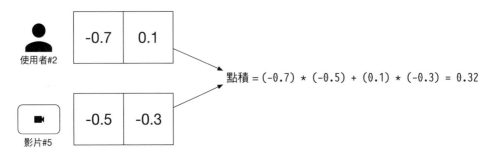

圖 6.17　（使用者 #2、影片 #5）這組成對資料的相關性分數

圖 6.18 顯示的就是所有（使用者，影片）成對資料的預測分數。系統可
以根據這些相關性分數來推薦一些影片。

	影片#1	影片#2	影片#3	影片#4	影片#5
	0.6	1	-1	-1	-0.5
	-0.4	0.9	-0.2	1	-0.3

使用者#1	0.9	0	0.54	0.9	-0.9	-0.9	-0.45
使用者#2	-0.7	0.1	-0.46	-0.61	0.68	0.8	0.32
使用者#3	0	0.8	-0.32	0.72	-0.16	0.8	-0.24

圖 6.18　針對每一組成對資料，預測出相應的相關性分數

提醒
由於矩陣分解只會運用到使用者與影片的互動資料，因此比較常用在協同篩選的做法中。

在結束矩陣分解的相關討論之前，我們先來談一下這個模型的優缺點。

優點：

- 訓練的速度：矩陣分解在訓練階段非常有效率。這是因為所要學習的只有兩個內嵌矩陣而已。

- 提供服務的速度：矩陣分解在提供服務時，速度相當快。學習到的內嵌並不會變來變去，這也就表示一旦完成了學習，就可以重複使用，而不必在查詢時對輸入進行轉換。

缺點：

- 矩陣分解完全只靠使用者與影片的互動資料來進行判斷。它並沒有用到其他的特徵（例如使用者的年齡或使用的語言）。這點限制了模型的預測能力，因為語言之類的特徵對於提高推薦的品質是很有用的。

- 遇到新的使用者時，處理起來很困難。因為對於新的使用者來說，模型並沒有足夠的互動資料，可以用來生成有意義的內嵌。因此，矩陣分解也就無法計算出內嵌之間的點積，來判斷影片與使用者是不是相關的。

接著再來看看雙塔神經網路，如何處理矩陣分解的這些缺點吧。

雙塔神經網路

雙塔（Two-Tower）神經網路有兩個編碼器塔（encoder tower）：使用者塔以及影片塔。使用者編碼器會把使用者的特徵當成輸入，然後把它轉換成一個內嵌向量（使用者內嵌）。影片編碼器則會把影片的特徵當成輸入，然後把它轉換成一個內嵌向量（影片內嵌）。這些內嵌向量全都共用同一個內嵌空間，而內嵌之間的距離則可代表彼此的相關性。

圖 6.19 顯示的就是一個雙塔架構。相較於矩陣分解，雙塔架構具有更好的彈性，可以整合各種特徵，更能夠擷取出使用者特定的興趣。

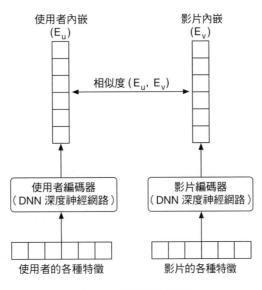

圖 6.19　雙塔神經網路

資料集的建構

在建構資料集時，我們會從不同的（使用者，影片）成對資料裡提取出特徵，並根據使用者回饋，把它標記為「正面」（positive）或「負面」（negative）。舉例來說，如果使用者很明確對影片按了讚，或是看了至少一半以上的影片內容，我們就會把相應的成對資料標記為「正面」。

為了建構出一些「負面」的資料點，我們可以隨機挑選出一些不相關的影片，也可以根據使用者按下「不喜歡」按鈕的互動行為，來認定那就是使用者很明確不喜歡的影片。圖 6.20 顯示的就是我們所建構出來的幾個資料點範例。

編號	使用者相關特徵							影片相關特徵						標籤
1	0	0	1	0.7	-0.6	0	0	0	1	0	0.9	0.9	1	1（正面）
2	0	1	1	0.2	0.1	1	0	0	1	0	-0.1	0.3	1	0（負面）

圖 6.20　所建構出來的兩個資料點

請注意，在龐大的影片庫中，使用者通常只看過其中一小部分相關影片。在建立訓練資料時，這樣往往會導致資料集失衡，因為根據之前的定義，「負面」的成對資料往往會比「正面」多出很多。用失衡的資料集來訓練模型，肯定會有問題。還好，我們可以運用第 1 章「簡介與概述」所提到的技術，來解決資料失衡的問題。

挑選損失函數

由於這個雙塔神經網路會被訓練用來預測二元標籤，因此我們可以把這個問題歸類成分類型任務。訓練期間，我們會用典型的分類損失函數（例如交叉熵）來最佳化編碼器。相應的處理程序如圖 6.21 所示。

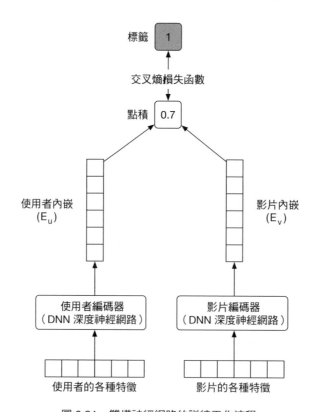

圖 6.21　雙塔神經網路的訓練工作流程

用雙塔神經網路來進行推論

在進行推論時，這個系統會利用內嵌來找出與使用者最相關的影片。這是一個很典型的「最近鄰」問題。我們會用近似型的最近鄰方法，有效找出前 k 個最相近的影片內嵌。

無論是靠內容篩選，或是採用協同篩選的做法，都可以運用到雙塔神經網路。如果想在協同篩選的做法中運用雙塔架構，如圖 6.22 所示，影片編碼器就會變成一個單純的內嵌層，只需要負責把影片 ID 轉換成內嵌向量就行了。在這樣的做法下，模型就完全不會依賴其他的影片相關特徵了。

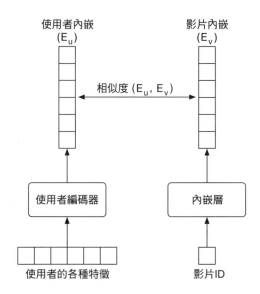

圖 6.22　在協同篩選的做法下運用雙塔神經網路

我們就來看看雙塔神經網路模型的優缺點吧。

優點：

- **能善用使用者的各種特徵。**這個模型可以接受使用者的各種特徵（例如年齡和性別）來作為輸入。這些具有預測效果的特徵，可以協助模型做出更好的推薦。

- **有能力處理新的使用者。**這個模型可以輕鬆處理新的使用者，因為它靠的是使用者本身的各種特徵（例如年齡、性別等等）。

缺點：

- **提供服務的速度比較慢。**這個模型在進行查詢時，需要計算出使用者的內嵌。這樣一定會讓模型處理請求的速度變慢。此外，如果我們在靠內容篩選的做法中使用這個模型，模型就需要把影片相關特徵轉換成影片的內嵌，這一定也會增加推論的時間。

- **訓練的成本比較昂貴。**雙塔神經網路的學習參數，比矩陣分解還要多。因此，訓練的計算量一定會比較大。

矩陣分解 vs. 雙塔神經網路

表 6.5 總結了矩陣分解和雙塔神經網路這兩種架構之間的差異。

表 6.5　矩陣分解 vs. 雙塔神經網路

	矩陣分解	雙塔神經網路
訓練成本	✓ 訓練的效率比較高	✗ 訓練的成本比較高
進行推論的速度	✓ 速度比較快，因為內嵌不會變來變去，而且可以預先計算	✗ 在查詢的時候，使用者的特徵才會被轉換成內嵌
冷啟動的問題	✗ 無法妥善處理新的使用者	✓ 有能力處理新的使用者，因為它只依賴使用者本身的特徵
推薦的品質	✗ 不是很理想，因為模型並沒有使用到使用者和影片本身的特徵	✓ 比較好的推薦方式，因為它可以靠更多的特徵來進行推論

進行評估

這個系統的表現，可以用一些離線指標與線上指標來進行評估。

離線指標

我們通常會運用下面這幾個離線指標，來對推薦系統進行評估。

精確率 @k。這個指標衡量的是前 k 部推薦影片裡相關影片所佔的比例。可以使用多個 k 值（例如，1、5、10）。

mAP（平均精確率均值）。這個指標衡量的是所推薦影片的排名品質。因為我們這個系統是二元的（用相關性分數來區分相關或不相關），所以這是個很適合的指標。

多樣性（Diversity）。這個指標衡量的是，推薦的影片之間相似的程度。這是一個很重要的指標，因為使用者通常對於多樣化的影片比較感興趣。為了衡量多樣性，我們會針對列表裡的影片，以兩兩成對的方式去計算出每一組的相似度（例如採用餘弦相似度或點積），然後再取平均值，以得出所謂的「平均成對相似度」（average pairwise similarity）。平均成對相似度分數比較低的話，就表示這個列表確實是比較多樣化的。

請注意，用多樣性來作為品質的唯一衡量標準，反而有可能導致誤導的效果。舉例來說，如果推薦的影片非常多樣化，但其中有許多影片都與使用者無關，使用者可能就會覺得這些推薦根本沒什麼應用。因此，我們應該要把多樣性與其他的離線指標結合使用，以確保相關性與多樣性都能夠兼顧。

線上指標

在實務上，一般公司都會追蹤許多指標，來作為線上評估的依據。我們就來看看其中一些最重要的指標：

- 點擊率（CTR）
- 完整觀看影片的數量
- 總觀看時數
- 明確的使用者回饋

點擊率（CTR）。也就是所推薦的影片總數量，其中影片確實被點擊的數量所佔的比例。公式如下：

$$點擊率 = \frac{被點擊的影片數量}{所推薦的影片總數量}$$

如果想追蹤使用者參與度，點擊率可說是相當具有洞察力的一個指標。不過，點擊率的缺點就是，我們很難抓出那種點擊誘餌類的影片。

完整觀看影片的數量。使用者完整看完整部推薦影片的總數量。只要追蹤這個指標，我們就可以瞭解使用者真正去觀看系統所推薦影片的頻率。

總觀看時數。使用者觀看所推薦影片的總時間。總體來說，如果使用者真的對推薦的影片很感興趣，他們就會花更多的時間去觀看影片。

明確的使用者回饋。使用者明確表達出「喜歡」或「不喜歡」的影片總數量。這個指標可以準確反映出使用者對於推薦影片的看法。

提供服務

在提供服務時，系統會從好幾十億部影片裡縮小選擇的範圍，向給定的使用者推薦最相關的影片。我們打算在本節提出一個預測的管道，在針對這類的請求提供服務時，可以做出既有效率又準確的預測。

由於我們有好幾十億部可用的影片，如果我們選擇把大量的特徵當成輸入，然後採用那種計算量非常吃重的大型模型，服務的速度就會非常緩慢。但從另一方面來看，如果我們選擇了比較輕量級的模型，或許就很難生成高品質的推薦結果。所以，該怎麼做才好呢？其中一個很自然而然的決定，就是選擇多階段的設計方式，然後在其中使用多個模型。舉例來說，我們可以採用兩階段的設計方式，第一階段先用一個輕量級的模型快速縮小影片的範圍（也就是所謂的「候選項目生成」；candidate generation）。第二階段則可以使用比較重量級的模型，對影片進行準確的評分與排名（也就是所謂的「項目評分」；scoring）。圖 6.23 顯示的就是「候選項目生成」和「項目評分」這兩個階段如何互相搭配，以生成相關影片的流程。

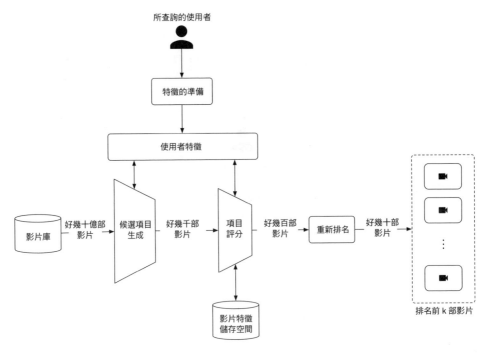

圖 6.23　預測的管道

我們就來仔細看看下面這幾個預測管道裡的組件吧。

- 候選項目生成

- 項目評分

- 重新排名

候選項目生成

候選項目生成的目標，就是把影片的範圍從好幾十億部縮減成好幾千部。在這個階段，我們最優先考慮的是效率而不是正確率，而且也不用太擔心假陽性（false positives，也就是選錯）的問題。

為了讓候選項目能夠快速生成，我們選擇了一個完全不靠影片相關特徵來進行判斷的模型。此外，這個模型就算遇到新的使用者，也應該要有能力處理才行。雙塔神經網路就蠻適合放在這個階段。

191

圖 6.24 顯示的就是候選項目生成的工作流程。候選項目生成的模型會從使用者編碼器取得使用者的內嵌。計算完成之後，它就會運用近似型的最近鄰服務，找出一堆相似的影片。這些影片會根據內嵌空間裡的相似度進行排名，然後把排名結果當成輸出送回來。

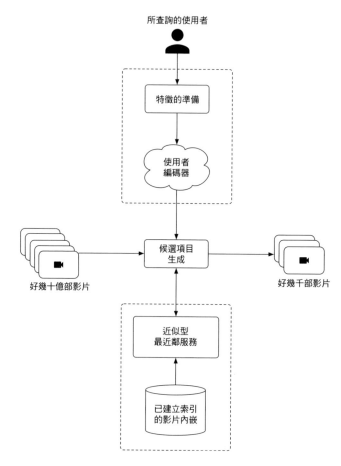

所查詢的使用者

特徵的準備

使用者
編碼器

好幾十億部影片

候選項目
生成

好幾千部影片

近似型
最近鄰服務

已建立索引
的影片內嵌

圖 6.24　候選項目生成的工作流程

在實務上，一般公司很可能會同時使用好幾個候選項目生成模型，因為這樣可以提高推薦的表現。我們就來看看為什麼吧。

使用者之所以對某部影片感興趣，或許有很多理由。舉例來說，使用者之所以選擇觀看某部影片，或許是因為那部影片特別受歡迎、最近正當紅、

或者只是正好與使用者有一點地緣關係。為了能夠把這些影片全都包含在
推薦列表中，通常都會同時使用好幾個候選項目生成模型，如圖 6.25 所
示。

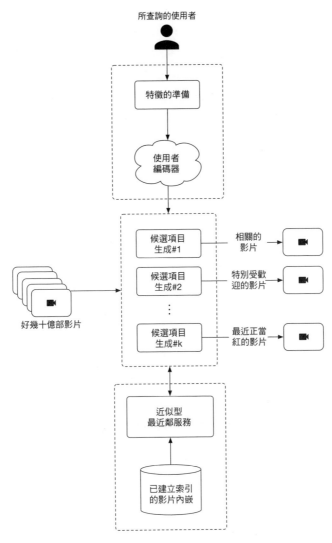

圖 6.25　使用 k 個候選項目生成模型，讓推薦的影片更多樣化

一旦把可能推薦的影片從好幾十億縮減至好幾千，我們就可以利用項目評
分的組件，來對影片進行排名，然後再把結果呈現給使用者。

項目評分

項目評分也稱作項目排名（ranking），它其實就是把使用者和候選影片當成輸入，對每部影片進行評分，然後再輸出排名後的影片列表。

在這個階段，我們最優先考慮的是正確率而不是效率。基於這樣的考量，因此我們採用靠內容篩選的做法，選擇了一個靠影片相關特徵來做判斷的模型。在這個階段，雙塔神經網路同樣是一個常見的選擇。由於在項目評分階段，需要進行排名的影片數量比較少，所以我們可以選擇參數比較多、比較重量級的模型。圖 6.26 顯示的就是項目評分組件的概要說明。

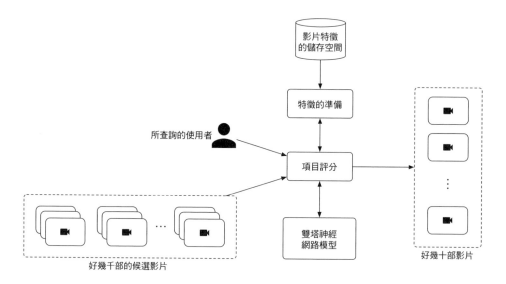

圖 6.26　項目評分組件的概要說明

重新排名

這個組件可以添加一些額外的判斷條件或約束條件，來對影片進行重新排名。舉例來說，我們可以使用獨立的 ML 模型來判斷影片是否屬於點擊誘餌影片。以下就是建構重新排名組件時，需要考慮的一些重要事項：

- 地區限定影片
- 影片新穎度

- 傳播錯誤資訊的影片

- 完全重複或幾乎都是重複的影片

- 公平性與特定偏見的考量

影片推薦系統的挑戰

在結束本章之前，先來看看我們的設計如何解決影片推薦系統裡一些很典型的挑戰。

服務速度

能夠快速推薦影片，是很重要的一件事。不過，由於我們的系統裡有好幾十億部影片，因此要能夠很有效率、很準確推薦正確的影片，確實非常有挑戰性。

為了解決這個問題，我們採用了兩階段的設計。具體來說，我們會在第一階段使用一個輕量級模型，快速把候選影片從好幾十億縮減成好幾千部。YouTube 就是採用類似的做法 [2]，Instagram 則是採用了多階段的設計 [8]。

精確率

為了確保精確率，我們採用了一個項目評分組件，用一個很強大的模型來對影片進行排名。這個模型會根據更多的特徵（包括影片相關特徵）來進行判斷。這裡使用比較強大的模型，並不會影響服務的速度，因為經過候選項目生成的階段之後，候選影片的數量已經少很多了。

多樣性

大多數的使用者都比較喜歡在推薦列表裡，看到比較多樣化的影片選擇。為了確保我們的系統能夠生成比較多樣化的影片列表，我們會同時採用好幾個候選項目生成器，如「候選項目生成」一節所述。

冷啟動問題

我們的系統會如何處理冷啟動問題呢？

針對新的使用者： 如果有新的使用者開始使用我們的平台，一開始我們並不會有任何互動的資料。

在這樣的情況下，我們會先使用年齡、性別、語言、所在位置之類的特徵，利用雙塔神經網路來進行預測。這樣的做法所推薦的影片，某種程度上應該是蠻個人化的，即使對於新的使用者來說也是如此。隨後只要使用者與更多影片有了互動，我們就能夠根據新的互動資料，做出更好的預測。

針對新的影片： 如果有新的影片新增到系統中，一開始雖然有影片詮釋資料和影片內容可供運用，不過並沒有任何互動資料可供運用。處理這個問題的其中一種方式，就是採用嘗試錯誤的做法。我們可以先隨機向使用者展示這部新影片，然後就能收集到一些互動資料了。一旦收集到足夠的互動資料，我們就可以用這些新的互動資料來對雙塔神經網路進行微調。

訓練的可擴展性

使用大型的資料集來訓練模型，又想要同時顧及成本效益，確實很有挑戰性。推薦系統往往會不斷添加新的互動資料，因此模型必須能夠快速適應，才能做出準確的推薦。如果要快速適應新資料，模型就應該要有能力進行微調。

在這裡的例子中，我們採用的是神經網路模型，設計上很容易就能進行微調。

其他討論要點

如果面試結束之後還有一點時間，以下就是一些可以額外進行討論的要點：

- 在推薦系統裡，「探索未知」與「善用已知」兩者之間的權衡取捨 [9]。

- 推薦系統有可能存在各種不同類型的偏見 [10]。

- 建構推薦系統時，與倫理道德相關的一些重要考慮因素 [11]。

- 可以考慮一下季節性對於推薦系統的影響（在不同的季節裡，使用者行為的變化）[12]。

- 針對多個目標、而非單一目標，對系統進行最佳化 [13]。

- 如何善用負面的回饋（例如不喜歡），讓系統變得更好 [14]。

- 善用使用者的搜尋歷史紀錄，或是觀看紀錄裡的影片列表 [2]。

總結

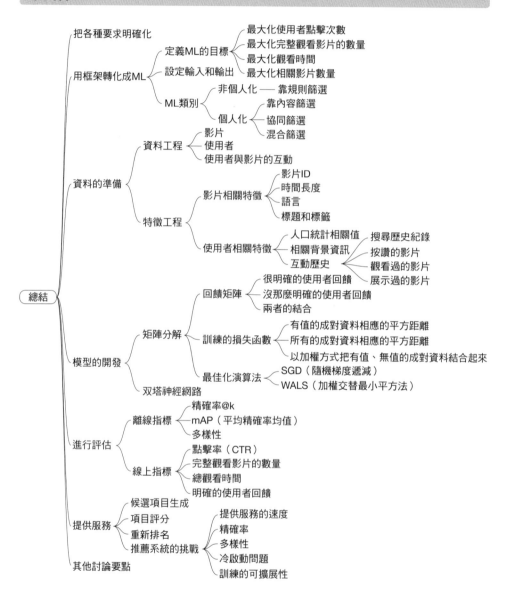

參考資料

[1] YouTube 推薦系統。https://blog.youtube/inside-youtube/on-youtubes-recommendation-system。

[2] YouTube 推薦的 DNN 深度神經網路。https://static.googleusercontent.com/media/research.google.com/en//pubs/archive/45530.pdf。

[3] CBOW 的論文。https://arxiv.org/pdf/1301.3781.pdf。

[4] BERT 論文。https://arxiv.org/pdf/1810.04805.pdf。

[5] 矩陣分解。https://developers.google.com/machine-learning/recommendation/collaborative/matrix。

[6] 隨機梯度遞減。https://en.wikipedia.org/wiki/Stochastic_gradient_descent。

[7] WALS 最佳化。https://fairyonice.github.io/Learn-about-collaborative-filtering-and-weighted-alternating-least-square-with-tensorflow.html。

[8] Instagram 多階段推薦系統。https://ai.facebook.com/blog/powered-by-ai-instagrams-explore-recommender-system/。

[9] 「探索未知」與「善用已知」的權衡取捨。https://en.wikipedia.org/wiki/Multi-armed_bandit。

[10] 人工智慧和推薦系統裡的特定偏見。https://www.searchenginejournal.com/biases-search-recommender-systems/339319/#close。

[11] 推薦系統裡的倫理道德問題。https://link.springer.com/article/10.1007/s00146-020-00950-y。

[12] 推薦系統裡的季節性考量。https://www.computer.org/csdl/proceedings-article/big-data/2019/09005954/1hJsfgT0qL6。

[13] 多任務排名系統。https://daiwk.github.io/assets/youtube-multitask.pdf。

[14] 從負面的回饋裡獲得一些好處。https://arxiv.org/abs/1607.04228?context=cs。

7

活動推薦系統

本章設計了一個類似 Eventbrite 的活動（event）推薦系統。Eventbrite 是個蠻受歡迎的活動管理和票務市場，可以讓使用者創建、瀏覽和報名各種活動。這個推薦系統會提供個人化的體驗，呈現出與使用者相關的活動。

圖 7.1　所推薦的活動

把各種要求明確化

以下就是應試者和面試官之間很典型的一段互動過程。

應試者：商業上的目標是什麼呢？我能否假設商業上的主要目標，就是增加門票的銷售？

面試官：可以，聽起來蠻不錯的。

應試者：除了參加活動之外，使用者也可以在平台上預訂飯店或餐廳嗎？

面試官：為簡單起見，我們先假設只支援活動。

應試者：我們可以把活動視為短暫性的、只會發生一次的事件，發生一次之後就會過期。這個假設正確嗎？

面試官：這是個很棒的觀察。

應試者：有哪些活動屬性可供運用呢？我能否假設，我們可以取得活動的文字說明、價格範圍、舉辦地點、舉辦日期時間等等資訊？

面試官：當然可以，這些全都是合理的假設。

應試者：我們手頭上有任何已經標記好的資料嗎？

面試官：我們並沒有任何以人工方式標記好的資料集。不過你可以運用活動與使用者的互動資料，來建立訓練組資料。

應試者：我們可以取得使用者當前的所在地點嗎？

面試官：可以。由於這個題目屬於一個與地點很有關係的推薦系統，所以我們可以假設，使用者都已經同意分享自己的所在地點資料。

應試者：使用者與使用者之間，可以在這個平台上成為好友嗎？在建立個人化活動推薦系統時，朋友關係的資訊是很有價值的。

面試官：這是個好問題。好吧，我們假設使用者可以在平台上建立朋友關係。朋友關係是雙向的；也就是說，如果 A 是 B 的朋友，那麼 B 也是 A 的朋友。

應試者：使用者可以邀請其他人參加活動嗎？

面試官：可以。

應試者：使用者能不能要求報名者，在特定時間內回覆是否會出席活動？

面試官：為了簡單起見，我們假設活動只提供報名的選項。

應試者：活動全都是免費的，還是有付費的活動？

面試官：兩種都要支援。

應試者：會有多少使用者、多少活動？

面試官：我們每個月都會舉辦 100 萬場左右的活動。

應試者：每天會有多少活躍的使用者來造訪這個網站 / App？

面試官：假設每天都會有 100 萬個不重複的獨立使用者。

應試者：由於我們要建立的是一個與所在地點很有關係的活動推薦系統，因此有效計算出兩個地點之間的距離和移動所需的時間，是非常重要的。我們能否假設，可以運用外部的 API（例如 Google Maps API 或其他地圖服務）來取得這類的資料？

面試官：好點子。假設我們可以運用第三方服務來取得地點相關資訊。

這裡就來總結一下問題的陳述吧。我們被要求設計出一個活動推薦系統，可以向各個使用者顯示一份個人化的活動列表。活動結束之後，使用者就沒辦法再報名活動了。除了報名活動之外，使用者也可以邀請其他人來參加活動，或是與他人建立朋友關係。我們應該根據使用者的互動資料，直接在線上建構訓練資料。這個系統的主要目標，就是增加門票的總銷量。

用框架把問題轉化成 ML 任務

定義 ML 的目標

根據需求，我們在商業上的目標就是增加門票的銷售。如果要把它轉化成定義很明確的 ML 目標，其中一種方式就是最大化活動報名的數量。

設定系統的輸入和輸出

系統的輸入是使用者，輸出則是根據使用者的相關性來排名的前 k 個活動。

選擇正確的 ML 類別

有好幾種不同的做法，可用來解決推薦的問題：

- 採用很簡單的規則（例如直接推薦比較熱門的活動）
- 使用內嵌型模型；可以靠內容來篩選，也可以採用協同篩選的做法
- 把問題重新表述成排名問題

採用簡單規則的做法，是個蠻好的起點，也可用來作為一個基準。不過，ML 型的做法通常可以帶來更好的結果。本章會把任務重新表述成排名問題，然後再運用「學習排名」（LTR；Learning to Rank）的做法來解決問題。

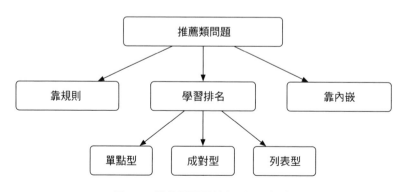

圖 7.2　推薦類問題的各種不同解法

LTR（學習排名）是一種演算法技術，主要是運用監督式機器學習的做法，來解決排名的問題。所謂的排名（ranking）問題，正式定義如下：「有一個查詢和一個項目列表，其中列表裡的各個項目可依照『與查詢最相關到最不相關』的順序來排列，以得出最佳的排序結果。」LTR 通常有三種做法：單點型（pointwise）、成對型（pairwise）和列表型（listwise）。接著就來簡單檢視一下每一種做法。請注意，這些做法的詳細說明已超出本書範圍。如果你有興趣瞭解關於 LTR 更多的資訊，請參閱 [1]。

單點型 LTR

在這種做法中，我們會逐一檢查每個項目，用分類或迴歸的方式預測出各項目與查詢之間的相關性。請注意，各項目所預測出來的相關性分數，完全與其他的項目沒有關係。

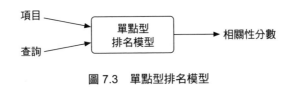

圖 7.3　單點型排名模型

最終的排名結果，就是根據所預測出來的相關性分數，進行排序的結果。

成對型 LTR

在這種做法中，模型每次都會取兩個項目，然後預測出其中哪一個項目與查詢更有相關性。

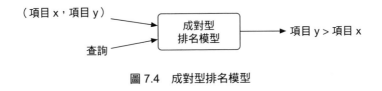

圖 7.4　成對型排名模型

比如像 RankNet [2]、LambdaRank [3] 和 LambdaMART [4]，就是一些很受歡迎的成對型 LTR 演算法。

列表型 LTR

列表型的做法，就是在給定查詢的情況下，預測出整個列表裡各個項目的最佳排序結果。

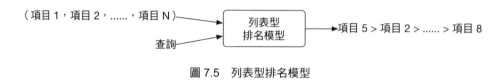

圖 7.5　列表型排名模型

比如像 SoftRank [5]、ListNet [6] 和 AdaRank [7]，就是很受歡迎的一些列表型 LTR 演算法。

一般來說，成對型和列表型的做法，可以生成比較準確的結果，不過也比較難進行實作與訓練。為了簡單起見，我們會採用單點型做法來解決這裡的問題。具體來說，我們會採用二元分類模型，一次只處理一個活動，然後嘗試預測出使用者報名這個活動的機率。相應的做法如圖 7.6 所示。

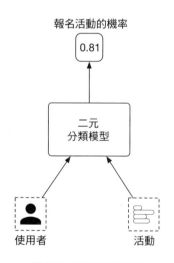

圖 7.6　二元分類模型

資料的準備

資料工程

如果要設計出良好的特徵，一定要先瞭解系統有哪些可運用的原始資料。由於活動管理平台主要是以使用者和活動為中心，所以我們假設可以取得以下這些資料：

- 使用者
- 活動
- 朋友關係
- 互動資料

使用者

使用者資料的架構如下圖所示。

表 7.1　使用者資料的架構

ID	使用者名稱	年齡	性別	城市	國家	語言	時區

活動

表 7.2 顯示的就是活動資料的模樣。

表 7.2　活動資料

ID	主辦使用者 ID	類別 / 子類別	說明	價格	地點	日期 / 時間
1	5	音樂會	Dua Lipa 邁阿密巡迴演唱會	200-900	佛羅里達州邁阿密的美國航空體育館	2022/9/18 19:00-24:00
2	11	運動 / 籃球	金州勇士隊 vs. 密爾瓦基公鹿隊	140-2500	加州舊金山大通銀行中心	2022/9/22 17:00-19:00
3	7	藝術劇院	Robert Hall 的喜劇與魔法	免費	加州聖荷西的聖荷西即興表演廳	2022/9/6 18:00-19:30

朋友關係

表 7.3 裡的每一橫行代表的是兩個使用者之間所形成的朋友關係，以及建立朋友關係的時間戳

表 7.3　朋友關係資料

使用者 ID 1	使用者 ID 2	建立朋友關係的時間戳
28	3	1658451341
7	39	1659281720
11	25	1659312942

互動資料

表 7.4 保存了一些使用者互動資料（例如活動報名、邀請、活動展示等等）。在實務上，我們可能會把互動資料儲存在不同的資料庫，不過為了簡單起見，這裡會把資料全都放在單獨的一個表格中。

表 7.4　互動資料

使用者 ID	活動 ID	互動類型	互動內容	地點（緯度、經度）	時間戳
4	18	展示	-	38.8951 -77.0364	1658450539
4	18	報名	確認號碼	38.8951 -77.0364	1658451341
4	18	邀請	使用者 9	41.9241 -89.0389	1658451365

特徵工程

活動的推薦比傳統的推薦更具有挑戰性。活動與電影、書籍有本質上的差別，因為活動結束之後，就不會再有任何消費了。活動通常是很短暫的，意思就是從活動建立到活動完成，期間所跨越的時間非常短暫。以結果來看，每個活動可運用的互動歷史資料其實並不多。所以從本質上來說，活動推薦一定會有冷啟動問題，而且經常會出現全新的活動。

為了克服這些問題，我們會在特徵工程方面投入更多的精力，盡可能多創建出一些有意義的特徵。由於篇幅的限制，這裡只會討論其中一些最重要的特徵。在實務上，具有預測性的特徵在數量上很可能比這裡所提到的還要多很多。

我們會在本節建立以下這幾類相關的特徵：

- 與地點相關的特徵

- 與時間相關的特徵

- 與社交相關的特徵

- 與使用者相關的特徵

- 與活動相關的特徵

與地點相關的特徵

活動地點的交通便利程度如何？

活動地點的交通便利性，是一個很重要的因素。舉例來說，活動如果是辦在離公共運輸很遙遠的高山上，交通問題很可能就會阻礙使用者參加的意願。我們會創建出以下這幾個特徵，來擷取出交通便利性相應的特徵：

- **步行分數：**步行分數是一個介於 0 到 100 之間的數字，它會根據活動地點附近便利設施的距離，衡量出以步行方式抵達的容易程度。這個分數會分析各種因素（例如與便利設施的距離、對於徒步的行人友善的程度、人口密度等等）計算出相應的結果。假設我們可以從外部的資料來源（例如 Google 地圖、開放街道地圖等等），取得相應的步行分數。表 7.5 顯示的就是把步行分數分成 5 大類的情況。

表 7.5 把步行分數分成 5 大類

類別	步行分數	說明
1	90-100	完全不需要坐車
2	70-89	非常適合步行
3	50-69	有點適合步行
4	25-49	需要靠坐車
5	0-24	一定要坐車

- **步行分數相似度：**這個活動的步行分數，與使用者之前報名過的活動平均步行分數，兩者之間的差異。

- 交通分數、交通分數相似度、自行車分數、自行車分數相似度。

活動是否與使用者位於同一個國家與城市？

對於使用者來說，其中一個非常重要的決定因素，就是看活動是不是辦在他們所在的同一個國家與城市。關於這方面，可以建立下面這兩個特徵：

- 如果使用者所在的國家與舉辦活動的國家是相同的，這個特徵就是 1，否則就是 0

- 如果使用者所在的城市與舉辦活動的城市是相同的，這個特徵就是 1，否則就是 0

使用者可以接受這樣的距離嗎？

有些使用者或許比較喜歡離自己比較近的活動，有些使用者則喜歡離自己比較遠的活動。我們可以使用以下的特徵，來擷取出這方面的特徵：

- 使用者與活動所在地點之間的距離。這個值可以從外部 API 取得，然後再分成幾個類別。例如：

  - 0：小於一英里

  - 1：1-5 英里

  - 2：5-20 英里

  - 3：20-50 英里

  - 4：50-100 英里

  - 5：100 英里以上

- 距離相似度：使用者與活動地點相隔的距離，以及使用者之前報名過的活動相隔的平均距離（實際上也可以使用中位數或百分位範圍），兩者之間的差值。

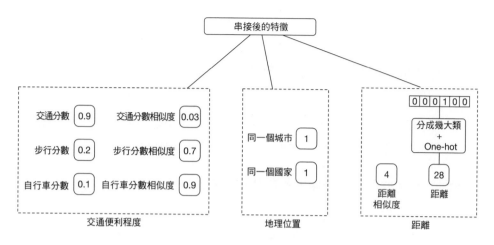

圖 7.7　與地點相關的特徵

與時間相關的特徵

距離活動開始所剩的時間夠充裕嗎？

有些使用者或許會提前幾天規劃活動，有些使用者則不會這麼做。我們也可以創建出下面這幾個特徵，來擷取出這方面的考量：

- 距離活動開始的剩餘時間。我們可以把這個特徵分成好幾個不同類別，然後再進行 one-hot 編碼。例如：

  - 0：距離活動開始只剩不到 1 小時

  - 1：1-2 小時

  - 2：2-4 小時

  - 3：4-6 小時

  - 4：6-12 小時

  - 5：12-24 小時

  - 6：1-3 天

  - 7：3-7 天

  - 8：7 天以上

- 剩餘時間相似度：這次活動的「剩餘時間」，以及使用者先前報名過的活動相應的平均「剩餘時間」，兩者之間的差異。

- 從使用者所在的地點來到活動地點，整個行程估計所需的時間。這個值可以從外部的服務取得，然後再把它分成好幾個類別。

- 預估行程時間的相似度：來到活動地點的預估行程時間，以及使用者先前報名過的活動相應的平均行程時間，兩者之間的差異。

活動的日期與時間，對於使用者來說很方便嗎？

有些使用者可能比較喜歡週末舉辦的活動，有些使用者則比較喜歡在平日舉辦的活動。有些使用者喜歡上午舉辦的活動，有些使用者則比較喜歡傍晚舉辦的活動。為了擷取出使用者在整個禮拜裡比較偏好星期幾的歷史紀錄，我們創建了一個使用者相關資訊（user profile）。這個使用者相關資訊是一個包含 7 個元素的向量，其中每個值所代表的就是，使用者在星期幾參加活動的數量。把這些數值除以所參加活動的總數量，我們就可以得出整個禮拜其中每一天活動參加率的歷史紀錄了。圖 7.8 顯示的就是使用者之前參加過的活動在整個禮拜裡每一天的分佈情況。正如我們所看到的，這個使用者從沒參加過星期一或星期三的活動，因此這也就表示，星期三舉辦的活動對於這個使用者來說，或許並不是一個很好的推薦。我們也可以用類似的做法，建立一整天裡每個小時的使用者相關資訊。同樣的，我們也可以把日期和時間的相似度列入考慮。

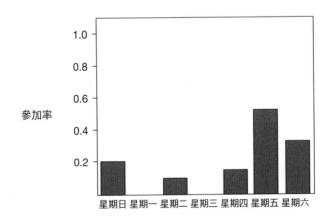

圖 7.8　活動資料在整個禮拜裡每一天的分佈情況

與時間相關的特徵概要說明如圖 7.9 所示。

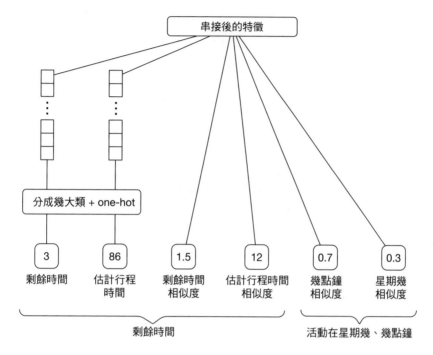

圖 7.9　與時間相關的特徵概要說明

與社交相關的特徵

會有多少人來參加這個活動？

一般來說，如果有很多人參與，使用者往往更有可能會報名參加活動。我們就來提取下面這幾個特徵，嘗試擷取出這方面的影響因素吧：

- 本次活動報名的使用者數量

- 已報名的使用者總數量，以及活動的展示次數，兩者之間的比率

- 已報名使用者數量相似度：這個活動已報名的使用者數量，與先前相關活動報名的數量，兩者之間的差異

「與朋友共同出席活動」相關的特徵

如果使用者有朋友會去參加某個活動，他自己也比較有可能會去報名該活動。以下就是我們可以運用的一些特徵：

- 使用者的朋友報名此活動的數量

- 有報名的朋友數量，佔所有朋友總數量的比例

- 已報名朋友的相似度：有報名此活動的朋友數量，與先前報名過相關活動的朋友數量，兩者之間的差異

使用者是被其他人邀請才來參加這個活動的嗎？

使用者如果是因為受邀的緣故，就會更有可能來參加活動。這其中或許有一些有點用處的特徵，包括：

- 邀請這個使用者來參加活動的朋友數量

- 邀請這個人來參加活動的會員使用者數量

活動主辦者是使用者的朋友嗎？

如果是自己的朋友所舉辦的活動，一般人往往更有意願參加活動。我們也可以建立一個二元特徵值來反映這個現象：如果活動主辦者正好是使用者的朋友，這個值就是 1，否則就是 0。

使用者參加同一個主辦者所舉辦過的活動，有多麼頻繁而踴躍呢？

有些使用者會特別關注特定主辦者所舉辦的活動。

與使用者相關的特徵

年齡和性別

有些活動會特別針對特定的年齡和性別。舉個例子來說，「科技領域的女性」和「30 歲的人生課程」就是針對特定性別或年齡相關群體所舉辦的活動範例。我們可以建立兩個相應的特徵如下：

- 使用者的性別，可採用 one-hot 編碼方式進行編碼

- 使用者的年齡，可分成好幾大類，然後再用 one-hot 編碼方式進行編碼

與活動相關的特徵

活動的價格：

活動的價格很有可能會影響使用者報名活動的決定。這裡所要使用的特徵有：

- 活動的價格，可分成好幾個類別。例如：

  - 0：免費

  - 1：1-99 美元

  - 2：100-499 美元

  - 3：500-1,999 美元

  - 4：2,000 美元以上

- **價格相似度：**這個活動的價格，與使用者先前報名過的活動平均價格，兩者之間的差異。

這個活動的相關說明，與使用者先前報名過的活動說明，兩者之間有多相似？

這就是根據使用者先前報名過的活動，來呈現出使用者的興趣之所在。舉例來說，如果「音樂會」這個字眼反覆出現在使用者先前報名過的活動說明中，那很可能就表示，使用者對於音樂會之類的活動很感興趣。為了擷取出這方面的影響因素，我們建立了一個特徵，用來表示活動的說明內容，與使用者先前報名過的活動說明，兩者之間的相似度。為了計算出相似度，我們可以用 TF-IDF（術語頻率逆文件頻率）把說明轉換成數值化向量，然後再用餘弦距離來計算出相似度。

請注意，這個特徵有可能包含很多雜訊，因為說明的文字通常都是由主辦者以人工方式提供的。我們也可以先做個實驗，看看採不採用這個特徵來訓練模型會有什麼樣的差別，藉此來衡量其重要性。

圖 7.10 顯示的就是使用者相關特徵、活動相關特徵與社交相關特徵的概要說明。

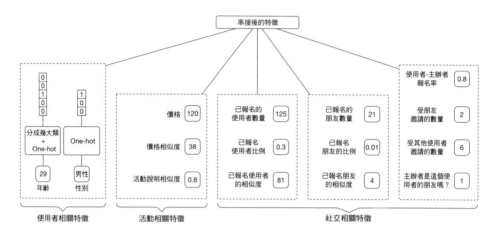

圖 7.10　與使用者、活動、社交相關的特徵

上面所列出的特徵，還不算是非常詳盡。在實務上還是可以創建出許多具有預測性的其他特徵。舉例來說，像是主辦者受歡迎程度之類的主辦者相關特徵、使用者的搜尋歷史紀錄、活動的類別、自動生成的活動標籤等等。在面試過程中，你並不需要嚴格遵守本節的提議。你可以把這裡的建議當成一個起點，然後與面試官多討論一些他比較關心的主題。以下就是你或許可以詳細說明的一些可能的討論要點：

- **批量型（Batch）vs. 串流型（Streaming）特徵**：批量型（靜態型）特徵指的是變化頻率比較低的一些特徵，例如年齡、性別、活動說明等等。這些特徵可以用批量處理的方式定期進行計算，然後保存在特徵儲存空間中。相較之下，串流型（也就是比較動態的）特徵則會快速變化。舉例來說，報名某個活動的使用者數量，還有活動開始之前的剩餘時間，都屬於動態的特徵。面試官或許會希望你深入探討這方面的主題，討論 ML 相關的批量處理 vs. 線上處理做法。如果你有興趣想瞭解更多關於這方面的資訊，請參閱 [8]。

- **特徵計算效率**。以即時的方式計算特徵,並不是一種很有效率的做法。你或許也想討論這方面的問題,以及如何避免即時進行計算的可能做法。舉例來說,我們可以把使用者所在地點與活動的地點,當成兩個單獨的特徵傳遞給模型,然後再靠模型去衡量這兩個地點相應的有用資訊,而不是先去計算出兩個地點之間的距離,來作為一個特徵。如果想瞭解如何為 ML 模型準備地點相關資料,更多相關資訊請參閱 [9]。

- 如果是與使用者前 X 次互動相關的特徵,或許可以引入一個**衰減因子**。使用者過去的互動 / 行為時間越接近現在,衰減因子就可以給予越高的權重。

- **運用內嵌學習**的做法,可以把每一個活動和每一個使用者全都轉換成內嵌向量。這些內嵌向量就是一種可用來表達活動與使用者的特徵。

- **根據使用者的屬性來建立特徵,有可能會產生特定的偏見**。舉例來說,根據年齡或性別來判斷應徵者適不適合某個工作,這樣很可能會導致歧視的問題。由於我們會根據使用者的屬性來創建出一些特徵,因此一定要特別留意這種潛在的偏見問題。

模型的開發

模型的選擇

二元分類問題可透過各種 ML 方法來解決。我們就來看看下面這幾種做法吧:

- 邏輯迴歸(Logistic Regression)
- 決策樹(Decision Tree)
- 梯度促進決策樹(GBDT;Gradient-Boosted Decision Tree)
- 神經網路(Neural Network)

邏輯迴歸（LR）

邏輯迴歸的做法就是運用一或多個特徵，以線性組合方式建構出一個二元結果機率模型。關於邏輯迴歸的詳細介紹，請參閱 [10]。

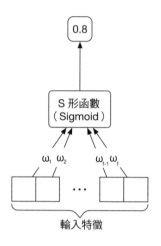

圖 7.11　邏輯迴歸

這裡就來看看邏輯迴歸有什麼優缺點吧。

優點：

- **推論的速度很快。**計算輸入特徵的加權組合，速度上是很快的。

- **訓練起來很有效率。**由於架構非常簡單，因此很容易實現，解釋起來很容易，訓練起來也很快。

- 如果資料可以用一條直線切分開來（如圖 7.12），這種做法就會有很好的效果。

- **具有可解釋性，而且很容易理解。**分配給每個特徵的權重，就代表不同特徵的重要性，這樣我們就能更深入瞭解判斷的理由。

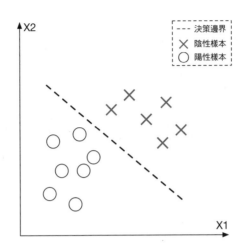

圖 7.12　用直線就能切分開來的資料，特別適合用邏輯迴歸來找出決策邊界

缺點：

- **邏輯迴歸無法解決非線性問題**，因為它使用的是輸入特徵的線性組合。

- 如果其中有兩個或多個特徵高度相關，就會出現所謂的「**多重共線性**」（**Multicollinearity**）。邏輯迴歸已知的限制之一，就是當輸入特徵存在多重共線性時，就無法順利學習任務。

在我們的系統中，輸入特徵的數量有可能非常大。這些特徵通常與目標變數（二元結果）具有複雜而非線性的關係。這樣的複雜性對於邏輯迴歸來說，很可能是難以學習的。

決策樹

決策樹是另一類的學習方法，它會運用樹狀結構的決策模型和各種可能的衍生架構來進行預測。圖 7.13 顯示的就是一個簡單的決策樹，其中用到了兩個特徵：年齡和性別。圖中也顯示了相應的決策邊界。決策樹裡的每個葉節點都代表一個二元結果，其中「+」表示所給定的輸入被分類為陽性，「-」則表示被分類為陰性。如果想瞭解更多關於決策樹的訊息，請參閱 [11]。

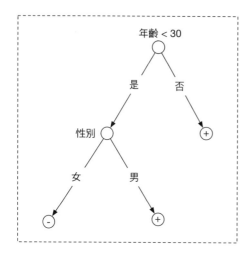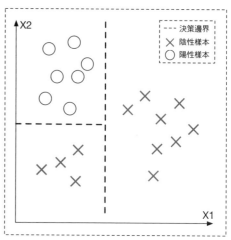

圖 7.13　決策樹（左圖）與學習後所得出的決策邊界（右圖）

優點：

- **訓練的速度很快：**決策樹訓練起來是很快的。

- **推論的速度很快：**決策樹在進行推論時，可以快速做出預測。

- **需要準備的資料很少，甚至沒有也沒關係：**決策樹模型並不需要進行資料正規化或跨度調整的處理，因為這個演算法與輸入特徵的分佈並沒有什麼關係。

- **具有可解釋性**而且很容易理解。樹狀結構從視覺上來看，很容易就能理解為什麼會做出那樣的決策，也很容易看出重要的決策因素是什麼。

缺點：

- **並不是最佳化的決策邊界：**決策樹模型所生成的決策邊界，會與特徵空間裡的軸相平行（參見圖 7.13）。對於某些資料分佈來說，這或許並不是找出決策邊界的最佳方法。

- **過度套入：**決策樹對於資料的微小變化非常敏感。在提供服務的階段，輸入資料只要有微小的變化，可能就會導致完全不同的結果。

同樣的，訓練資料的微小變化，也有可能得出完全不同的樹狀結構。這是一個蠻嚴重的問題，因為這樣會讓預測變得不太可靠。

在實務上，這種最簡單的決策樹模型其實很少使用。原因在於它對於輸入資料的變化實在太過於敏感了。為了降低決策樹的敏感性，通常會使用兩種技術：

- 重複抽樣彙整（Bootstrap aggregation，也叫「裝袋」；Bagging。）

- 促進（Boosting）

這兩種技術在科技業廣受運用。這裡最重要的就是要瞭解其原理。我們來仔細看看吧。

Bagging（裝袋）

Bagging 是一種整合學習（ensemble learning）方法，它會從訓練組資料裡取出好幾組不同的資料子集合，訓練出好幾組 ML 模型，然後再以「平行」的方式整合起來。在 Bagging 的做法中，所有這些被訓練好的模型，相應的預測全都會被結合起來，以做出最終的預測。這樣一來，就可以顯著降低模型對於資料變化（方差）的敏感度了。

Bagging 做法的其中一個例子，就是常見的「隨機樹林」模型 [12]。隨機樹林模型會在訓練的過程中，建構出很多個平行的決策樹，以降低模型的敏感度。在進行預測時，每一個決策樹都會根據所給定的輸入，獨立預測輸出的類別（陽性或陰性），然後再用投票的機制把這些預測結果結合起來，以做出最終的預測。圖 7.14 顯示的就是擁有三個決策樹的一個隨機樹林模型。

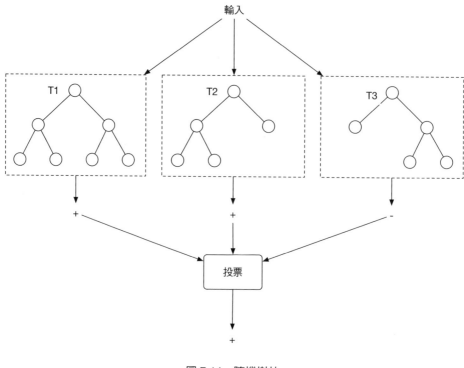

圖 7.14　隨機樹林

Bagging 技術具有以下幾個優點：

- 可以降低過度套入（高方差）的影響。

- 不會顯著增加訓練的時間，因為決策樹可以用平行的方式分別進行
  訓練。

- 不會在推論時增加太多延遲，因為決策樹可以用平行的方式來處理
  輸入。

雖然有一定的優點，但如果模型面臨套入不足（高偏差）的問題，Bagging
的做法就沒有什麼用處了。為了克服 Bagging 的缺點，接著再來討論另一
種稱為 Boosting（促進）的技術。

Boosting（促進）

在 ML 領域中，Boosting（促進）指的就是「依序」訓練出好幾個比較弱的分類器，藉此方式降低預測的誤差。「比較弱的分類器」指的就是在表現上比隨機猜測稍微好一點的簡單分類器。在 Boosting 的做法中，好幾個比較弱的分類器結合起來之後，就會變成一個比較強的學習模型。圖 7.15 顯示的就是 Boosting 做法的一個範例。

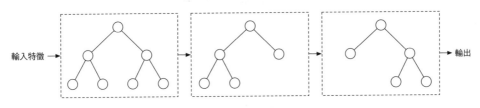

圖 7.15　一個 Boosting（促進）做法的例子

優點：

- **Boosting 的做法可以同時降低偏差與方差。** 只要把一些比較弱的分類器結合起來，就可以得到一個對資料變化比較不敏感的強模型。如果想瞭解更多關於偏差 / 方差權衡取捨的相關資訊，請參閱 [13]。

缺點：

- **訓練和推論的速度比較慢。** 由於後面的分類器必須針對前面分類器的錯誤來進行訓練，所以這些分類器在運作時有順序上的關係。由於 Boosting 做法有這種順序上的天性，因此提供服務的時間也會隨之增加。

在實務上，Boosting 的做法通常都優於 Bagging 的做法，因為在有偏差（bias）的情況下，Bagging 的做法並沒有什麼解決之道，而 Boosting 的做法則可以同時降低偏差與方差的影響。

Adaboost [14]、XGBoost [15] 和 Gradient boost [16]，都是很典型的 Boosting 型決策樹。這些演算法通常都是被用來訓練分類模型。

GBDT（梯度促進決策樹）

GBDT 是一種很常用的樹狀結構模型，它是利用 GradientBoost（梯度促進）的做法來改進決策樹的表現。GBDT 還有一些變體模型（例如 XGBoost [15]），在各大 ML 競賽中，展現出相當強大的表現 [17]。如果你有興趣瞭解關於 GBDT 的更多資訊，請參閱 [18][19]。

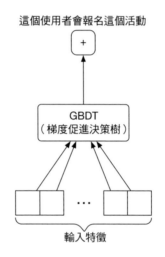

圖 7.16　二元輸出的 GBDT（梯度促進決策樹）模型

以下就是 GBDT 模型的優缺點。

優點：

- **資料很容易準備：** 與決策樹很類似，並不需要特別花力氣去準備資料。

- **可降低方差：** GBDT 會使用到 Boosting 技術，可降低方差。

- **可降低偏差：** GBDT 會利用幾個比較弱的分類器來降低預測誤差，用迭代的方式來改進那些被前面的分類器錯誤分類的資料點。

- 適合處理結構化資料。

缺點：

- **有許多超參數需要調整**，例如迭代次數、樹狀結構的深度、正則化參數等等。

- GBDT 不適用於圖片、影片、聲音之類的**非結構化資料**。

- **不適合**根據川流不息的新資料來進行持續學習。

在我們這裡的例子中，由於所建立的特徵是結構化資料，因此 GBDT 或是變體的做法（例如 XGBoost）都是不錯的實驗選擇。

GBDT 其中一個主要的缺點，就是它並不適合持續學習。在活動推薦系統中，不斷會有新的資料提供給系統運用，例如最近的使用者互動資料、報名資料、新活動資料，甚至新的使用者資料。此外，使用者的品味與興趣，也有可能會隨著時間而改變。對一個良好的活動推薦系統來說，不斷適應新資料的變化，是一件至關重要的事。如果沒辦法持續學習，GBDT 就必須定期從無到有重新訓練，這樣的成本實在太高了。接著我們再來探索一下，可以克服這項限制的神經網路。

神經網路（NN）

在我們的活動推薦系統中，有許多特徵與結果並不一定是線性的關係。要學習這些複雜的關係是很困難的。此外，為了讓模型能夠適應新的資料，持續學習的能力是非常必要的。

神經網路非常擅長於解決這樣的挑戰。它有能力可以學習到一些具有非線性決策邊界的複雜任務。此外，神經網路模型很輕易就能根據新的資料進行微調，因此針對持續學習來說，是一個很理想的選擇。

如果你並不熟悉神經網路的詳細資訊，建議你先去閱讀 [20]。

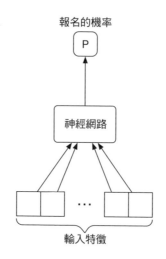

圖 7.17　神經網路的輸入 / 輸出

我們就來看看它的優缺點吧。

優點：

- **持續學習：**神經網路的設計目的，就是從資料中學習並不斷改進自身。

- **可適用於非結構化資料**，例如文字、圖片、影片或聲音。

- **表達能力：**由於神經網路往往具有大量的學習參數，因此具有很強的表達能力。它可以學習非常複雜的任務，也能處理非線性的決策邊界。

缺點：

- **訓練的計算成本很高。**

- **輸入資料的品質會強烈影響結果：**神經網路對輸入的資料很敏感。舉例來說，如果輸入的特徵各自處於非常不同的範圍內，模型在訓練階段收斂的速度可能就會非常緩慢。神經網路其中一個很重要的步驟，就是資料的準備（例如正規化、對數跨度調整、one-hot 編碼等等）。

- 訓練神經網路需要**大量的訓練資料**。

- **黑箱天生的特性**：神經網路沒有什麼可解釋性，這也就表示，如果想理解每個特徵對於結果的影響，實際上並不是那麼容易，因為輸入的特徵會經過很多層的非線性轉換。

該選擇哪一種模型？

要挑選出正確的模型，是很有挑戰性的。我們經常要去嘗試不同的模型，才能判斷出哪一種模型的效果最好。我們可以根據很多因素，來選擇合適的模型：

- 任務的複雜性

- 資料的分佈與資料的類型

- 產品的需求或約束條件，例如訓練的成本、速度、模型的大小等等

在這裡的題目中，GBDT 和 NN 都是很好的實驗候選方案。我們會從 GBDT 的變體 XGBoost 開始，因為它很容易實作，訓練的速度也很快。實驗的結果可以用來作為一開始的基準。

一旦有了基準，我們就可以進一步探索，用神經網路建立更好模型的可能性。基於以下幾個理由，我們應該可以期待神經網路，在這裡會有很好的表現：

- 我們的系統裡提供了大量的訓練資料。我們的使用者會持續報名活動、邀請朋友、發佈新活動等等，不斷與系統進行各種互動。由於使用者的數量非常多，因此可以創建出大量可用來進行訓練的資料。

- 資料有可能無法用線性方式切分開來，而神經網路則有能力學習資料裡的非線性關係。

在設計神經網路架構時，必須考慮幾個超參數，包括隱藏層的數量、每層神經元的數量、激活函數等等。這些都可以透過超參數調整技術來進行判斷。神經網路架構的細節通常並不是 ML 系統設計面試的主要焦點，因為並沒有什麼系統化的方法可以用來選出正確的架構。

模型的訓練

資料集的建構

訓練組資料與評估組資料的建構，是模型開發很重要的一個步驟。舉例來說，我們就來看看這裡如何計算出各種特徵及相應的標籤。

為了建立單一資料點，我們會從互動資料裡提取出一組（使用者，活動）這樣的成對資料，然後再根據這對資料來計算輸入特徵。接下來，如果使用者有報名這個活動，我們就會把資料點標記為 1，如果沒報名則標記為 0。

編號	提取出來的（使用者，活動）特徵						標籤
1	1	0	1	1	0	1	1
2	0	0	0	1	1	0	0

圖 7.18　所建構出來的資料範例

建構出資料集之後，我們可能會遇到的一個問題就是類別失衡。因為使用者在報名某個活動之前，有可能會先瀏覽好幾十個或好幾百個活動。因此，（使用者、活動）成對資料被標記為 0 的數量，很明顯會高於標記為 1 的資料點。我們可以利用以下的其中一種技術，來解決類別失衡的問題：

- 利用焦點損失函數或類別平衡損失函數來訓練分類器

- 針對數量佔多數的多數類，進行「少抽樣」（Undersample）處理

挑選損失函數

由於這個模型是一個二元分類模型，因此我們會用二元交叉熵之類的典型分類損失函數，來最佳化這個神經網路模型。

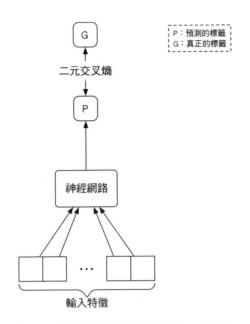

圖 7.19　預測的標籤與真正的標籤之間的損失

進行評估

離線指標

為了對這個排名系統進行評估，我們會考慮以下這幾個選項。

召回率 @k 或是精確率 @k。這些指標其實並不太合適，因為並沒有考慮到輸出的排名品質。

MRR（排名倒數均值）、nDCG（正規化折損累積增益）或 mAP（平均精確率均值）。這三個指標通常可用來衡量排名的品質。但其中哪一個是最好的呢？

MRR 主要關注的是列表裡第一個相關項的排名，這比較適合那種預計只會檢索出一個相關項的系統。不過，在活動推薦系統中，可能會有好幾個推薦的活動與使用者相關。因此，MRR 並不太適用。

如果使用者和項目之間的相關性分數，並不屬於二元的關係，採用 nDCG 就會有很好的效果。相較之下，只有在相關性分數是二元的情況下，mAP 才會比較適用。由於活動要不就是相關的（使用者報名了這個活動），否則就是無關的（使用者看到了這個活動卻沒報名），因此 mAP 在這裡是比較適合的選擇。

線上指標

在我們這裡的案例中，商業上的目標就是希望能夠增加門票銷售來提高營收。為了衡量系統對於營收的影響，我們不妨來探討以下幾個指標：

- 點擊率（CTR）

- 轉換率（Conversion rate）

- 書籤率（Bookmark rate）

- 營收的提升

點擊率。這個比率代表的就是使用者看到推薦的活動時，繼續去點擊活動的頻率。

$$點擊率 = \frac{去點擊活動的總次數}{活動被展示的總次數}$$

如果有比較高的點擊率，就表示我們的系統確實很擅長推薦使用者會去點擊的活動。比較多的點擊，通常也就表示會有比較多的活動報名。

不過，只依靠點擊率來作為線上指標，有可能是不夠的。有些活動其實是點擊誘餌。理想情況下，我們還是希望能夠衡量出所推薦的活動與使用者之間的相關程度。這個指標就叫做轉換率，接下來就可以看到了。

轉換率。這個比率代表的就是使用者看到推薦的活動之後，真正去報名這些活動的比率。公式如下：

$$轉換率 = \frac{活動報名總數量}{活動展示總次數}$$

如果有比較高的轉換率，就表示使用者比較常會去報名所推薦的活動。舉例來說，0.3 的轉換率就表示使用者平均每看到 10 個推薦活動，就會報名其中的 3 個活動。

書籤率。 這個比率代表的就是使用者把推薦的活動添加為書籤的頻率。這其實是基於一個假設前提，那就是平台可以讓使用者保存活動，或是把活動添加為書籤。

營收的提升。 這個指標代表的就是活動推薦所帶來的營收提升。

提供服務

本節提出了一個可針對請求提供服務的 ML 系統設計圖。如圖 7.20 所示，這個設計裡有兩個主要的流程：

- 線上學習的管道
- 預測的管道

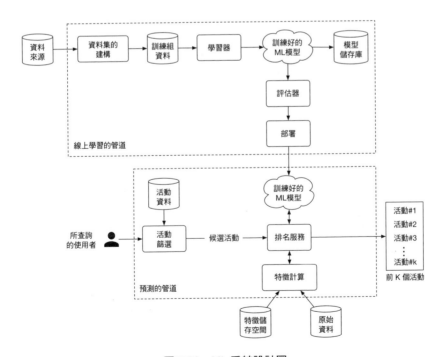

圖 7.20　ML 系統設計圖

線上學習的管道

如前所述,從本質上來說,活動推薦一定會有冷啟動問題,遇到新的項目就是會處理得比較差。因此,模型必須持續不斷進行微調,以適應新的資料。這個管道所負責的工作,就是持續用新的資料來訓練模型,並對訓練後的模型進行評估,還要負責新模型的部署。

預測的管道

預測的管道所負責的工作,就是把給定使用者最相關的前 k 個活動預測出來。我們就來針對預測的管道,討論其中一些最重要的組件吧。

活動篩選

這個活動篩選組件會把所查詢的使用者當成輸入,然後把活動的數量從 100 萬個縮減到只剩其中一小部分的活動。這裡主要根據的是一些簡單的規則(例如活動的地點,或是其他類型的使用者篩選器)。舉例來說,如果使用者新增了一個「只限音樂會」的篩選器,這個組件就會把列表範圍快速縮減成所有候選活動的一個子集合。這類的篩選器在活動推薦系統裡很常見,可用來有效縮減我們所要搜尋的範圍,從原本可能好幾百萬個活動,縮減到只剩好幾百個候選活動。

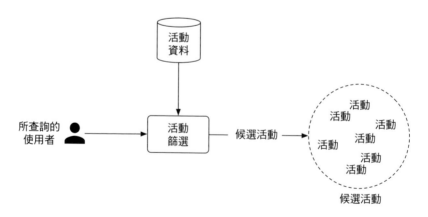

圖 7.21　活動篩選組件的輸入 / 輸出

排名服務

這個服務會把使用者與活動篩選組件生成的候選活動當成輸入，計算出每一對（使用者，活動）成對資料的特徵，然後根據模型所預測出來的機率，對活動進行排序，再輸出一個包含前 k 個最相關活動的排名列表給使用者。

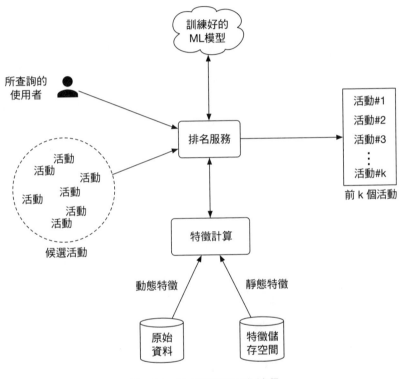

圖 7.22　排名服務的工作流程

排名服務會與特徵計算組件互動，而特徵計算組件負責的則是計算出模型預期會使用到的特徵。其中靜態的特徵可以從特徵儲存空間中取得，而動態的特徵則是根據原始資料即時計算出來的。

其他討論要點

如果面試結束之後還有一些額外的時間，這裡還有一些可以再額外進行討論的要點：

- 在這個系統中，我們可以觀察到哪些不同類型的特定偏見 [21]。

- 如何利用「特徵交叉組合」（feature crossing）來實現更好的表達能力 [22]。

- 有些使用者很喜歡看到比較多樣化的活動列表。如何確保所推薦的活動具有一定的多樣性和新穎度 [23]？

- 我們會用到使用者的某些屬性，來對模型進行訓練。我們也會把使用者的即時所在地點用來作為判斷的依據。關於個人隱私與安全上的考量，有什麼額外需要考慮的因素呢 [24]？

- 活動管理平台通常是一個雙邊市場，活動主辦者屬於供應方，使用者則是需求方。我們該如何確保系統不會只針對單一邊進行最佳化？另外，如何讓平台在面對不同主辦者時，能夠保持一定的公平性？如果想瞭解關於雙邊市場的獨特挑戰，更多的資訊請參閱 [25]。

- 建構資料集時，如何避免資料外洩 [26]。

- 如何判斷應該要多麼頻繁去更新模型才是正確的 [27]？

總結

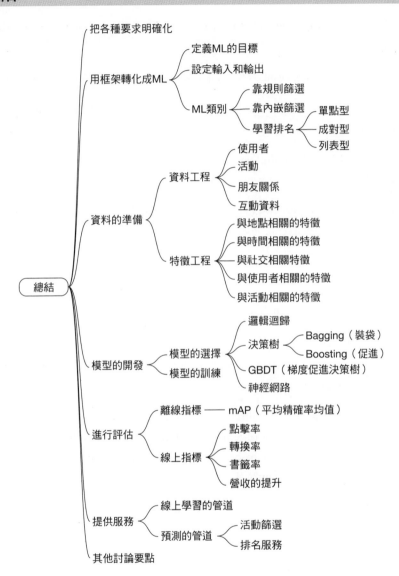

總結
- 把各種要求明確化
- 用框架轉化成ML
  - 定義ML的目標
  - 設定輸入和輸出
  - ML類別
    - 靠規則篩選
    - 靠內嵌篩選
    - 學習排名
      - 單點型
      - 成對型
      - 列表型
- 資料的準備
  - 資料工程
    - 使用者
    - 活動
    - 朋友關係
    - 互動資料
  - 特徵工程
    - 與地點相關的特徵
    - 與時間相關的特徵
    - 與社交相關特徵
    - 與使用者相關的特徵
    - 與活動相關的特徵
- 模型的開發
  - 模型的選擇
  - 模型的訓練
    - 邏輯迴歸
    - 決策樹
      - Bagging（裝袋）
      - Boosting（促進）
    - GBDT（梯度促進決策樹）
    - 神經網路
- 進行評估
  - 離線指標 — mAP（平均精確率均值）
  - 線上指標
    - 點擊率
    - 轉換率
    - 書籤率
    - 營收的提升
- 提供服務
  - 線上學習的管道
  - 預測的管道
    - 活動篩選
    - 排名服務
- 其他討論要點

參考資料

[1] 學習排名方法。https://livebook.manning.com/book/practical-recommender-systems/chapter-13/53。

[2] RankNet 的論文。https://icml.cc/2015/wp-content/uploads/2015/06/icml_ranking.pdf。

[3] LambdaRank 的論文。https://www.microsoft.com/en-us/research/wp-content/uploads/2016/02/lambdarank.pdf。

[4] LambdaMART 的論文。https://www.microsoft.com/en-us/research/wp-content/uploads/2016/02/MSR-TR-2010-82.pdf。

[5] SoftRank 的論文。https://www.microsoft.com/en-us/research/wp-content/uploads/2016/02/SoftRankWsdm08Subscribed.pdf。

[6] ListNet 的論文。https://www.microsoft.com/en-us/research/wp-content/uploads/2016/02/tr-2007-40.pdf。

[7] AdaRank 的論文。https://dl.acm.org/doi/10.1145/1277741.1277809。

[8] 批量處理 vs. 串流處理。https://www.confluence.io/learn/batch-vs-real-time-data-processing/#:~:text=Batch%20processing%20is%20when%20the，data%20flows%20through%20a%20system。

[9] 在 ML 系統裡利用地點資料。https://towardsdatascience.com/leveraging-geolocation-data-for-machine-learning-essential-techniques-192ce3a969bc#:~:text=Location%20data%20is%20an%20important,based%20on%20your%20is%20an%20important,based%20on%20your%。

[10] 邏輯迴歸。https://www.youtube.com/watch?v=yIYKR4sgzI8。

[11] 決策樹。https://careerfoundry.com/en/blog/data-analytics/what-is-a-decision-tree/。

[12] 隨機樹林。https://en.wikipedia.org/wiki/Random_forest。

[13] 偏差 / 方差的權衡取捨。http://www.cs.cornell.edu/courses/cs578/2005fa/CS578.bagging.boosting.lecture.pdf。

[14] AdaBoost。https://en.wikipedia.org/wiki/AdaBoost。

[15] XGBoost。https://xgboost.readthedocs.io/en/stable/。

[16] 梯度促進。https://machinelearningmastery.com/gentle-introduction-gradient-boosting-algorithm-machine-learning/。

[17] XGBoost 在 Kaggle 競賽裡的表現。https://www.kaggle.com/getting-started/145362。

[18] GBDT（梯度促進決策樹）。https://blog.paperspace.com/gradient-boosting-for-classification/。

[19] GBDT 簡介。https://www.machinelearningplus.com/machine-learning/an-introduction-to-gradient-boosting-decision-trees/。

[20] 神經網路簡介。https://www.youtube.com/watch?v=0twSSFZN9Mc。

[21] 推薦系統裡的偏差問題及解決方案。https://www.youtube.com/watch?v=pPq9iyGIZZ8。

[22] 用特徵交叉組合來對非線性進行編碼。https://developers.google.com/machine-learning/crash-course/feature-crosses/encoding-nonlinearity。

[23] 推薦系統裡的新穎度和多樣性。https://developers.google.com/machine-learning/recommendation/dnn/re-ranking。

[24] 機器學習的隱私與安全考量。https://www.microsoft.com/en-us/research/blog/privacy-preserving-machine-learning-maintaining-confidentiality-and-preserving-trust/。

[25] 雙邊市場的獨特挑戰。https://www.uber.com/blog/uber-eats-recommending-marketplace/。

[26] 資料外洩。https://machinelearningmastery.com/data-leakage-machine-learning/。

[27] 線上訓練頻率。https://huyenchip.com/2022/01/02/real-time-machine-learning-challenges-and-solutions.html#towards-continual-learning。

社群平台的廣告點擊預測

網路廣告（Online advertising）可以讓廣告商自己出價，然後把廣告放上平台，以得到一些可衡量的回應（例如展示次數、點擊率、轉換率等等）。負責向使用者展示廣告的通常是 Google、Facebook 和 Instagram 之類的線上平台。

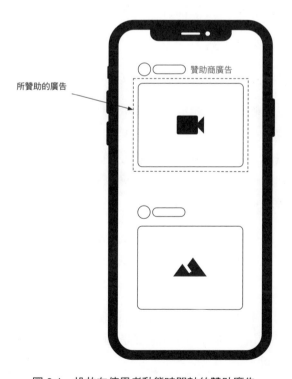

圖 8.1　投放在使用者動態時間軸的贊助廣告

本章設計了一個很類似各大流行社群媒體平台所使用的廣告點擊預測系統（也稱為點擊率預測系統）。

把各種要求明確化

以下就是應試者和面試官之間很典型的一段互動過程。

應試者： 我能否假設，建立這個廣告預測系統，商業上的目標就是要最大化營收？

面試官： 是的，這是正確的。

應試者： 廣告可能有許多種不同的類型（例如影片廣告和圖片廣告）。此外，廣告可以用不同的尺寸與格式來呈現（例如放在使用者的動態時間軸、彈出式廣告等等）。為了簡單起見，我能否假設廣告只會放在使用者的動態時間軸，而且每次點擊都會產生相同的營收？

面試官： 這樣聽起來還不錯。

應試者： 系統可以向同一個使用者多次展示相同的廣告嗎？

面試官： 可以，我們允許多次展示相同的廣告。有時候，同一個廣告展示很多次之後，還是有可能促成一次的點擊。事實上，一般公司都有一個「倦怠期」的概念，也就是使用者如果反覆忽略同一個廣告，他們就會在 X 天之內不再向同一個使用者展示同一個廣告。不過為了簡單起見，我們先假設不用去考慮這種倦怠期的做法。

應試者： 我們要支援「隱藏這則廣告」的功能嗎？要不要支援「屏蔽掉這個廣告商」的功能呢？這類的負面回饋資訊，其實有助於我們偵測出一些比較不相關的廣告。

面試官： 好問題。我們可以假設，使用者確實可以隱藏他們不喜歡的廣告。至於「屏蔽掉這個廣告商」，確實是個蠻有趣的功能，不過我們目前先不支援這個功能。

應試者：我能否假設，我們應該用使用者與廣告的資料來建構訓練組資料，而標籤則應該根據使用者與廣告的互動資料來進行標記？

面試官：當然可以。

應試者：我們可以透過使用者的點擊，來建立正面（positive）的訓練資料點，但負面（negative）的資料點應該如何生成呢？我們能否假設，如果廣告展示之後沒有任何點擊，就可以全部歸類成負面的資料點？如果使用者只是快速滾動頁面，並沒有花時間去看廣告，這該怎麼算呢？如果我們把這樣的一次廣告展示視為負面的資料點，但是到了後來，使用者終究還是點擊了廣告，這又該怎麼算呢？

面試官：這些都是很好的問題。你怎麼看呢？

應試者：如果廣告在使用者的螢幕上顯示了一段足夠長的時間，卻一直都沒被點擊，我們就可以把它視為一個負面的資料點。另一種做法則是把所有展示的廣告全都先假設為負面，直到有使用者點擊了廣告，才把它視為正面的資料。此外，我們也可以靠「隱藏這則廣告」之類的負面回饋，來標記出負面的資料點。

面試官：這樣的做法還蠻合理的！在實務上，我們或許會用其他複雜的技術，來標記出負面的資料點 [1]。至於這次的面試，我們就按照你的建議來做吧。

應試者：在廣告點擊預測系統中，模型應該要能夠持續不斷根據新的互動來持續學習，我覺得這還蠻重要的。我能不能假設，「持續學習」在這裡是必要的呢？

面試官：很棒的觀點。不過從實驗上來看，模型更新就算只有 5 分鐘的延遲，還是會很不利於整體的表現喲 [1]。

我們就來總結一下問題的陳述吧。我們被要求設計出一個廣告點擊預測系統。這個系統在商業上的目標，就是營收最大化。廣告只會出現在使用者的動態時間軸，每次點擊都會產生相同的營收。我們必須持續不斷根據新的互動來訓練這個模型。我們會根據使用者和廣告相關的資料來建立資料

集,並根據互動的情況對資料進行不同的標記。本章並不會討論廣告技術相關的特定主題,因為那些全都與 ML 面試無關。如果想瞭解更多廣告技術(AdTech)相關的訊息,請參閱 [2]。

用框架把問題轉化成 ML 任務

定義 ML 的目標

廣告點擊預測系統的目標,就是展示出一些使用者比較有可能去點擊的廣告,藉此增加廣告的營收。這樣的目標可以轉換成下面這個 ML 目標:預測出廣告是否會被點擊。因為只要能正確預測出點擊的機率,系統就可以盡量展示一些使用者更有可能點擊的廣告,進而達到營收提升的效果。

設定系統的輸入和輸出

廣告點擊預測系統會把使用者當成輸入,然後根據點擊的機率,輸出一份廣告排名列表。

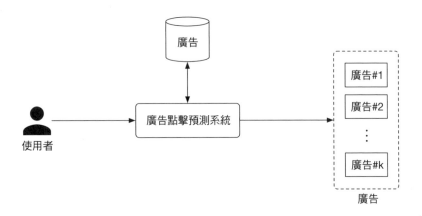

圖 8.2 廣告點擊預測系統的輸入與輸出

選擇正確的 ML 類別

圖 8.2 說明的就是如何把「廣告預測」這件事，用框架轉化成一個排名問題。如第 7 章「活動推薦系統」所述，單點型學習排名（LTR）就是解決這種排名問題很好的一個起點。單點型 LTR 採用的是一個二元分類模型，可以把（使用者，廣告）這樣的成對資料當成輸入，然後預測出使用者是否會去點擊廣告。圖 8.3 顯示的就是模型的輸入和輸出。

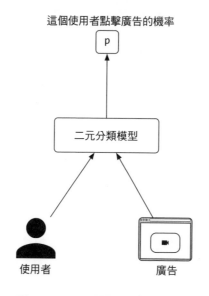

圖 8.3　二元分類模型的輸入 / 輸出

資料的準備

資料工程

以下就是這個系統裡可運用的一些原始資料：

- 廣告
- 使用者
- 使用者與廣告的互動

廣告

廣告資料如表 8.1 所示。在實務上，我們的廣告可能有好幾百個屬性。為了簡單起見，這裡只列出其中一些比較重要的屬性。

表 8.1　廣告資料

廣告 ID	廣告商 ID	廣告群組 ID	廣告活動 ID	類別	子類別	圖片或影片
1	1	4	7	旅行	飯店	http://cdn.mysite.com/u1.jpg
2	7	2	9	保險	汽車	http://cdn.mysite.com/t3.mp4
3	9	6	28	旅行	航空	http://cdn.mysite.com/t5.jpg

使用者

使用者資料的架構如下所示。

表 8.2　使用者資料的架構

ID	使用者名稱	年齡	性別	城市	國家	語言	時區

使用者與廣告的互動

這個表格儲存的是使用者與廣告之間的互動資料（例如廣告展示、點擊和轉換）。

表 8.3　使用者與廣告的互動資料

使用者 ID	廣告 ID	互動類型	停留時間 [1]	地點（緯度，經度）	時間戳
11	6	展示	5 秒	38.8951 -77.0364	165845053
11	7	展示	0.4 秒	41.9241 -89.0389	1658451365
4	20	點擊	-	22.7531 47.9642	1658435948
11	6	轉換	-	22.7531 47.9642	1658451849

1　停留時間（Dwell time）指的就是廣告呈現在使用者螢幕上的總時間

特徵工程

本節的目標就是設計出一些特徵，協助我們對使用者的點擊做出更好的預測。

廣告相關特徵

廣告相關特徵包括以下這些：

- ID

- 圖片／影片

- 類別和子類別

- 展示次數和點擊次數

接著就來一個一個詳細檢視吧。

ID

比如像廣告商 ID、廣告活動 ID、廣告群組 ID、廣告 ID 等等，全都屬於這類的特徵。

為什麼這很重要？這些 ID 代表的就是廣告商、廣告活動、廣告所屬群組以及廣告本身。這些 ID 可用來擷取出不同廣告商、不同廣告活動、不同廣告群組和不同的廣告各自獨特的特性，以作為具有預測性的特徵。

如何準備這類的資料呢？像 ID 這種比較稀疏（sparse）的特徵，可以用內嵌層把它轉換成比較緊密（dense）的特徵向量。每一種類型的 ID，都有自己專屬的內嵌層。

圖片／影片

為什麼這很重要？貼文裡的影片或圖片屬於另一種很有用的訊號，可以協助我們預測出廣告的內容。舉例來說，一張飛機的圖片，就有可能暗示這個廣告與旅行有關。

如何準備這類的資料呢？ 首先要對圖片或影片進行預處理。預處理完成之後，我們可以用 SimCLR [3] 之類的預訓練模型，把非結構化資料轉換成特徵向量。

廣告類別和子類別

廣告的類別和子類別，是由廣告商提供的。舉例來說，下面所列的就是幾個常見的類別：藝術與娛樂、汽車與交通工具、美容與健身等等。

為什麼這很重要？ 因為它可以協助模型更加瞭解廣告屬於哪一種類別。

如何準備這類的資料呢？ 這些資料都是廣告商根據預先定義好的類別和子類別列表，用人工的方式進行歸類的。如果想瞭解如何進行文字資料的準備，更多相關的訊息請參閱第 4 章「YouTube 影片搜尋」。

展示次數與點擊次數

- 某個廣告的總展示次數 / 總點擊次數
- 某個廣告商所提供的廣告，相應的總展示次數 / 總點擊次數
- 整個廣告活動的總展示次數

為什麼這很重要？ 這些數字呈現的是其他使用者對於廣告的反應。舉例來說，如果是點擊率（CTR）比較高的廣告，使用者往往更有可能去點擊。

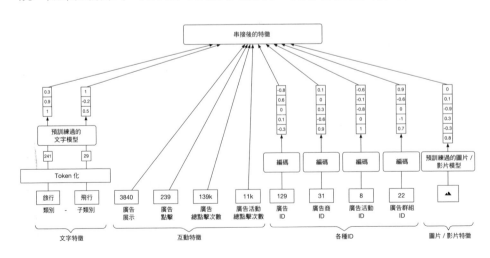

圖 8.4　廣告相關特徵準備的概要說明

使用者相關特徵

與前面的章節很類似，我們選擇了以下幾個特徵：

- **人口統計相關值：**年齡、性別、城市、國家等等
- **相關背景資訊：**所使用的設備、一整天裡的哪個時段等等
- **互動相關特徵：**點擊過的廣告、使用者參與度歷史統計資料等等

下面就來仔細看一下互動相關的幾個特徵吧。

點擊過的廣告

使用者之前點擊過的廣告。

為什麼這很重要？使用者之前點擊過的東西，應該隱含著使用者興趣之所在。舉例來說，如果使用者點擊過很多與保險相關的廣告，這就表示他很有可能會再次點擊類似的廣告。

如何準備這類的資料呢？與「廣告相關特徵」所提到的做法是一樣的。

使用者參與度歷史統計資料

例如使用者的廣告總瀏覽量或廣告點擊率，都屬於使用者參與度的歷史資料。

為什麼這很重要？只要善用個人的參與度歷史資料，就可以很順利預測出使用者未來的參與度。一般來說，如果使用者過去經常點擊廣告，那他未來應該更有可能會去點擊廣告。

如何準備這類的資料呢？參與度統計資料都是以數值的形式來表示。在準備這類的資料時，我們可以先把它的值調整到一個類似的範圍之內。

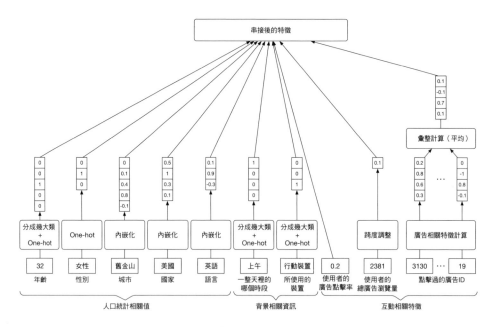

圖 8.5　使用者詮釋資料和互動相關特徵的準備

在結束「資料的準備」這一節之前，我們先來檢視一下廣告點擊預測系統裡的一個常見挑戰。大多數情況下，這類的系統所要處理的類別化特徵，經常都有非常高的基數（high cardinality；也就是存在大量不重複的值）。舉例來說，「廣告類別」很可能是從某個列表中取值，而這個列表包含了所有可能的類別值。同樣的，「廣告商 ID」和「使用者 ID」一定也都是獨特而不重複的值，像這樣的值很可能有好幾百萬個，具體取決於平台上使用者與廣告商的數量。雖然我們經常遇到這種龐大的特徵空間，其中可能有好幾千個甚至好幾百萬個特徵，不過這些特徵裡大部分的值卻都是零。隨後在「模型的選擇」一節，我們就會介紹幾個能夠克服這些獨特挑戰的技術。

模型的開發

模型的選擇

如「用框架把問題轉化成 ML 任務」一節所述，我們選擇二元分類模型來解決排名問題。二元分類可以用好幾種不同的方式來建立模型。以下就是廣告點擊預測系統常見的一些選擇：

- 邏輯迴歸（LR；Logistic regression）
- 特徵交叉組合（Feature Crossing）+ 邏輯迴歸
- 梯度促進決策樹（GBDT；Gradient Boosted Decision Trees）
- 梯度促進決策樹 + 邏輯迴歸
- 神經網路（Neural Networks）
- 深度交叉網路（Deep & Cross Networks）
- 因子分解機（Factorization Machines）
- 深度因子分解機（Deep Factorization Machines）

邏輯迴歸

邏輯迴歸在這裡的做法就是利用一或多個特徵的線性組合，來建立二元結果的機率模型。邏輯迴歸的訓練速度很快，而且很容易實現。不過，用邏輯迴歸的做法來實現廣告點擊預測系統，確實會有以下幾個缺點：

- **邏輯迴歸無法解決非線性問題**。邏輯迴歸是利用輸入特徵的線性組合來解決問題，因此它所得出的決策邊界一定是線性的。廣告點擊預測系統裡的資料，通常很難靠一條直線就能切分開來，因此邏輯迴歸的表現可能會不太理想。

- **無法擷取到特徵與特徵之間的互動**。邏輯迴歸並沒有能力擷取到特徵與特徵之間的互動。在廣告點擊預測系統中，不同的特徵之間經常存在著各式各樣的互動關係。如果不同的特徵之間會彼此互動，輸

出的機率就不能只是單純把各種特徵的效果加總起來，因為其中一個特徵的效果，很有可能取決於另一個特徵的值。

由於存在這兩個缺點，因此邏輯迴歸並不是廣告點擊預測系統的最佳選擇。不過，由於這種做法實作起來速度很快，而且很容易進行訓練，因此有許多公司還是會用它來建立基準模型。

特徵交叉組合 + 邏輯迴歸

為了能夠更順利擷取到特徵與特徵之間的互動，我們會使用到一種稱為「特徵交叉組合」（feature crossing）的技術。

什麼是特徵交叉組合？

特徵交叉組合是 ML 所使用的一種技術，可根據現有的特徵來建立新的特徵。它會利用相乘、相加或其他的組合方式，把兩個或多個現有的特徵組合成一個新的特徵。這種做法可以擷取出原始特徵之間的非線性互動關係，從而提高 ML 模型的表現。舉例來說，像是「年輕人和籃球」或「美國和足球」這樣的互動組合，對於模型預測點擊機率的能力來說，確實有可能會產生正面的影響。

如何建立特徵交叉組合？

在特徵交叉組合的做法中，我們會根據一些先驗知識（prior knowledge），在現有的特徵裡用人工方式添加一些新的特徵。如圖 8.6 所示，把兩個特徵（例如「國家」和「語言」）交叉組合之後，現有的特徵空間裡就增加了 6 個新的特徵。如果想瞭解更多關於交叉組合（crossing）的資訊，請參閱 [4]。

圖 8.6　國家和語言這兩個特徵交叉組合之後的結果

如何運用特徵交叉組合 + 邏輯迴歸的做法？

如圖 8.7 所示，特徵交叉組合 + 邏輯迴歸的運作方式如下：

1. 針對原始的特徵集合，運用特徵交叉組合的做法，提取出一些新的特徵（交叉組合特徵）

2. 把原始特徵與交叉組合特徵全都當成邏輯迴歸模型的輸入

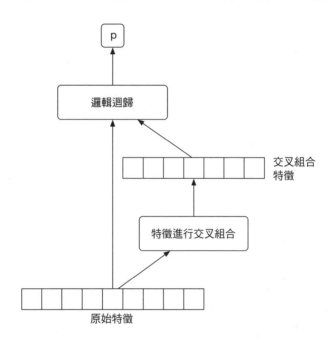

圖 8.7　對原始特徵進行交叉組合，再把交叉組合特徵連同原始特徵一起送入邏輯迴歸模型

這個做法可以讓模型擷取到某些成對型（二階；second-order）的特徵互動。不過這種做法還是有以下三個缺點：

- **人工的程序**：選擇所要交叉組合的特徵，需要人工的參與，這是很耗時又很昂貴的工作。

- **需要特定領域的知識**：特徵交叉組合需要特定領域的專業知識。如果要判斷出哪些特徵之間的哪些互動關係可作為模型的預測訊號，我們就必須事先對問題和特徵空間有一定的瞭解。

- **無法擷取複雜的互動：**交叉組合特徵的做法，或許還是不足以擷取出好幾千個稀疏特徵的所有複雜互動關係。

- **稀疏性：**原始特徵有可能是很稀疏的。經過特徵交叉組合之後，交叉組合特徵的基數或許就會變得更大，從而導致更加稀疏的結果。

由於存在以上這幾個缺點，因此這個做法並不是廣告點擊預測系統的理想解決方案。

梯度促進決策樹（GBDT）

我們在第 7 章「活動推薦系統」裡已經探討過 GBDT 了。我們在這裡只會說明一下 GBDT 套用到廣告點擊預測系統的優缺點。

優點：

- GBDT 具有可解釋性，很容易就能理解

缺點：

- **持續學習的效率很差。**在廣告點擊預測系統中，我們會持續不斷收集新的使用者、新的廣告和新的互動相關資料。為了能夠持續不斷根據新的資料來訓練模型，我們通常有兩種選擇：1）每次都從頭開始進行訓練，或是 2）根據新的資料來對模型進行微調。GBDT 的設計，其實並不適合「根據新的資料來進行微調」。所以我們通常需要從頭開始訓練模型；這樣一來，在規模比較大的情況下是很沒有效率的。

- **無法訓練內嵌層。**廣告預測系統通常具有許多稀疏的類別化特徵，而內嵌層則是表達這些特徵的一種有效方法。不過，GBDT 並沒有用到內嵌層，所以享受不到這樣的好處。

GBDT + 邏輯迴歸

這個做法有兩個步驟：

1. 訓練 GBDT 模型來負責學習任務。

2. 並不是用前面所訓練的模型來進行預測，而是用它來挑選出一些特徵，或是提取出一些具有預測性的新特徵。新生成的特徵與原始的特徵全都會被當成邏輯迴歸模型的輸入，用來預測出廣告被點擊的機率。

用 GBDT 來挑選特徵

挑選特徵的目的，就是要把輸入特徵的數量，縮減到只剩下一些最飽含資訊、最有用的特徵。我們可以利用決策樹，根據特徵的重要性來挑選出特徵的一個子集合。如果想更理解如何運用決策樹來挑選出所需的特徵，請參閱 [5]。

用 GBDT 來提取特徵

提取特徵的目的，就是根據現有的特徵創建出新的特徵，以減少特徵的數量。新提取出來的特徵，預計應該會有更好的預測能力才對。圖 8.8 說明的就是如何使用 GBDT 來提取特徵的流程。

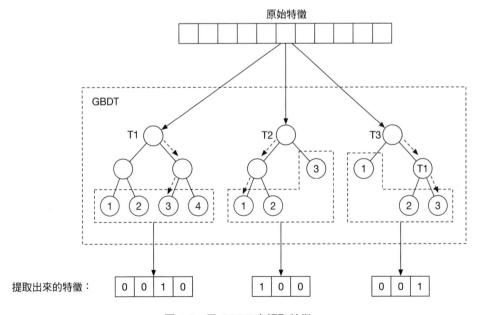

圖 8.8　用 GBDT 來提取特徵

GBDT 搭配邏輯迴歸的使用概要說明如圖 8.9 所示。

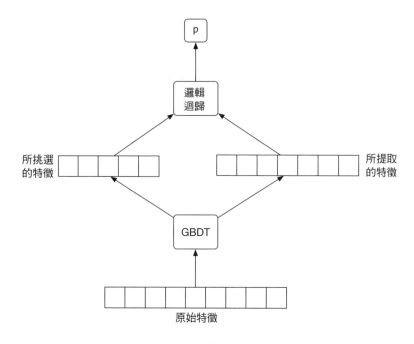

圖 8.9　GBDT + 邏輯迴歸的概要說明

接著就來探討一下這種做法的優缺點吧。

優點：

- 相較於現有的特徵，GBDT 所生成的新特徵更具有預測性，可以讓邏輯迴歸模型更容易學習如何完成任務。

缺點：

- **無法擷取到複雜的互動**。這點與邏輯迴歸的做法很類似，這種做法同樣無法學習到成對特徵之間的互動。

- **持續學習的速度很慢**。根據新的資料來微調 GBDT 模型，需要耗費一些時間，這樣一定會在整體上拖慢持續學習的速度。

神經網路（NN）

神經網路也是可用來建立廣告點擊預測系統的另一個候選模型。如果想用神經網路來預測點擊機率，我們在架構上有兩個選項：

- 單一神經網路
- 雙塔架構

單一神經網路：神經網路會用原始的特徵當成輸入，然後再輸出點擊的機率（如圖 8.10 所示）。

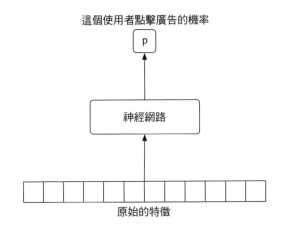

圖 8.10　神經網路的架構

雙塔架構：這個選項會使用兩個編碼器：一個是使用者編碼器，另一個是廣告編碼器。接著可以根據廣告內嵌和使用者內嵌之間的相似度，來判斷兩者的相關性，換句話說，也就是使用者點擊廣告的機率。圖 8.11 顯示的就是這個架構的概要說明。

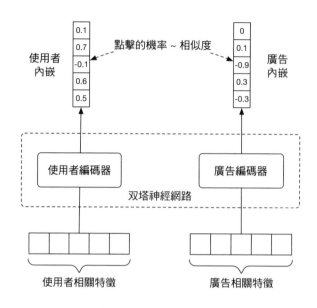

圖 8.11　內嵌型神經網路

雖然神經網路的做法有很多好處，但這種做法也許並不是廣告點擊預測系統的最佳選擇，因為：

- **稀疏性：**由於特徵空間通常都很龐大又很稀疏，因此大多數的特徵其中都會有很多的零值。神經網路有可能無法有效學習這類的任務，因為無法存取到足夠的資料點。

- 由於特徵的數量非常眾多，因此**很難擷取出所有成對特徵的互動**。

由於存在這些限制，因此我們並不會使用神經網路。

深度交叉網路（DCN；Deep & Cross Network）

2017 年，Google 提出了一個名為 DCN[6] 的架構，用來自動找出特徵與特徵之間的互動。這個架構解決了之前需要以人工方式找出特徵交叉組合的挑戰。這個方法使用了以下兩個平行的網路：

- **深度網路：**用深度神經網路（DNN）架構來學習一些複雜而可通用化的特徵。

- **交叉網路：**自動擷取出特徵之間的互動，並學習得出一些好用的特徵交叉組合。

深度網路和交叉網路的輸出會被串接起來，以做出最終的預測。

DCN 架構有兩種：堆疊式（stacked）和平行式（parallel）。圖 8.12 顯示的就是平行式 DCN 的架構。如果想瞭解堆疊式 DCN 架構的更多相關訊息，請參閱 [7]。請注意，在 ML 系統設計面試期間，通常並不會深入探討 DCN 的詳細資訊。如果你有興趣瞭解 DCN 網路的更多相關訊息，請參閱 [7][8]。

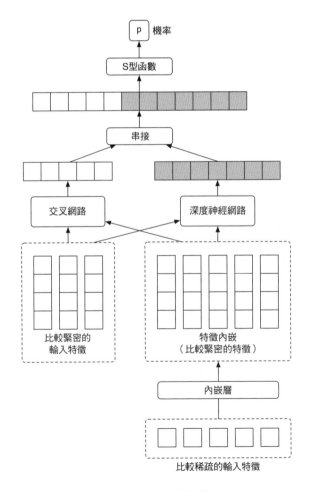

圖 8.12　DCN 的架構

DCN 架構比神經網路更有效，因為它會以一種比較間接的方式去學習特徵交叉組合。不過，交叉網路只會針對特定的特徵互動建立相應的模型，這對於交叉網路模型的表現或許會產生負面的影響。

因子分解機（FM；Factorization Machines）

因子分解機是一種內嵌型模型，它會針對所有成對特徵之間的互動，自動建立相應的模型，藉此改進邏輯迴歸的做法。在廣告點擊預測系統中，因子分解機受到廣泛的運用，因為它可有效針對特徵之間的複雜互動，建立相應的模型。

所以，我們就來瞭解一下因子分解機的運作方式吧。它會學習每個特徵的內嵌向量，然後針對所有成對特徵之間的互動，自動建立相應的模型。兩個特徵之間的互動，是用相應內嵌的點積來決定的。我們就來看一下它的公式，以獲得更好的理解：

$$\hat{y}(x) = w_0 + \sum_i w_i x_i + \sum_i \sum_j \langle v_i, v_j \rangle x_i x_j$$

其中 x_i 指的是第 i 個特徵，w_i 是所學習到的權重，v_i 則代表第 i 個特徵的內嵌，而（v_i, v_j）代表的就是兩個內嵌之間的點積。

這個公式看起來好像很複雜，但其實很容易理解。前兩項計算的是特徵的線性組合，很類似邏輯迴歸的作用。第三項則是針對成對特徵之間的互動，建立相應的模型。圖 8.13 顯示的就是從比較高的角度來理解因子分解機的概要說明。如果想進一步瞭解因子分解機的詳細資訊，請參閱 [9]。

$$\hat{y}(x) = \underbrace{w_0 + \sum_i w_i x_i}_{\text{邏輯迴歸}} + \underbrace{\sum_i \sum_j \langle v_i, v_j \rangle x_i x_j}_{\text{成對特徵之間的互動}}$$

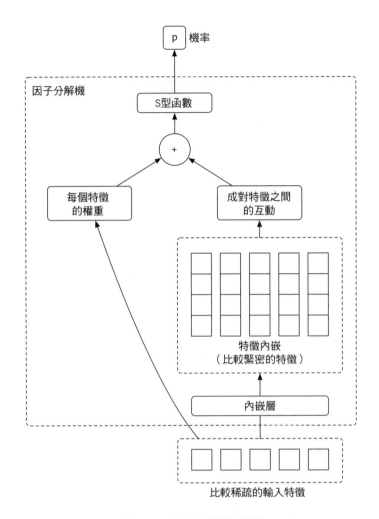

圖 8.13　因子分解機的架構

因子分解機及其變體（例如 FFM；場域感知因子分解機）可以有效擷取出成對特徵之間的互動。不過，因子分解機無法從特徵裡學習到比較複雜的一些高階（higher-order）互動，而神經網路則具有這樣的能力。在下一個做法中，我們會把因子分解機和 DNN 深度神經網路結合起來，以克服這方面的問題。

深度因子分解機（DeepFM)

深度因子分解機是一種結合神經網路與因子分解機兩者優點的 ML 模型。
DNN 深度神經網路負責擷取出複雜的高階特徵，因子分解機則負責擷
取出比較低階的成對特徵之間的互動。圖 8.14 展示的就是 DeepFM 深度
因子分解機的高階架構。如果想瞭解更多關於 DeepFM 的訊息，請參閱
[10]。

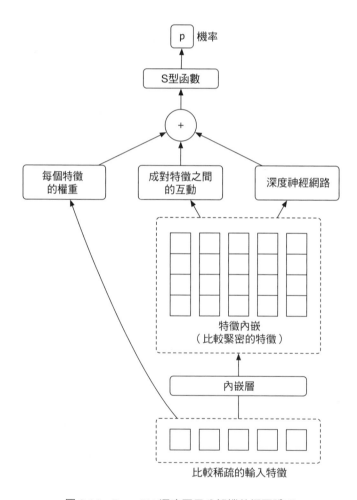

圖 8.14　DeepFM 深度因子分解機的概要說明

其中一種可能的改進方式，就是把 GBDT 和 DeepFM 結合起來。GBDT 可以把原始的特徵轉換成更具有預測性的特徵，而 DeepFM 則可以用這些新的特徵來進行後續的操作。這種做法已在各大廣告點擊預測系統競賽中贏得了不少勝利 [11]。不過，把 GBDT 添加到深度因子分解機的架構裡，也會對訓練和推論的速度產生負面的影響，進而拖慢持續學習的程序。

在實務上，我們通常會用一些實驗來選出正確的模型。在這裡的例子中，我們會先從最簡單的邏輯迴歸開始，先建立一個基準。接著我們會嘗試使用 DCN 深度交叉網路和 DeepFM 深度因子分解機，因為在科技業裡這兩種做法都受到了廣泛的應用。

模型的訓練

資料集的建構

每一次展示廣告，我們都會建立一個新的資料點。我們會根據相應的使用者與相應的廣告，計算出所要輸入的各種特徵。每個資料點都會根據以下的策略，被指定一個標籤：

- **正面（Positive）標籤：**如果使用者在廣告展示之後，在 t 秒之內就去點擊了廣告，我們就會把資料點標記為「正面」。請注意，t 是一個超參數，可以透過實驗進行調整。

- **負面（Negative）標籤：**如果使用者在 t 秒之內並沒有點擊廣告，我們就會把資料點標記為「負面」。

在實務上，一般公司可能會用更複雜的方式，找出把資料點標記為負面的最佳策略。如果想瞭解更多相關資訊，請參閱 [1]。

編號	使用者相關特徵與互動相關特徵	廣告相關特徵	標籤
1	1　0　1　0.8　0.1　1　0	0　1　1　0.4　0.9　0	正面
2	1　1　0　-0.6　0.9　1　1	1　1　0　0.2　0.7　1	負面

圖 8.15　所建構的資料集

如果想讓模型能夠適應新的資料，一定要持續不斷進行訓練。因此，我們應該要持續利用新的互動資料，不斷生成新的訓練資料點。稍後我們還會在「提供服務」一節，進一步討論「持續學習」的議題。

挑選損失函數

由於我們打算訓練的是一個二元分類模型，因此我們選擇交叉熵來作為分類損失函數。

進行評估

離線指標

廣告點擊預測系統通常會用兩個指標來進行評估：

- 交叉熵（CE；Cross-Entropy）
- 正規化交叉熵（NCE，Normalized Cross-Entropy）

交叉熵（CE）

這個指標衡量的是，模型所預測的機率有多麼接近真正的標籤。如果是個理想的系統，把負面類別預測為 0，正面類別預測為 1，那麼交叉熵的值就是零。交叉熵的值越低，預測的正確率就越高。公式如下：

$$H(p, q) = -\sum_{c=1}^{C} p_c \log q_c$$

其中 p 代表真正的事實，q 代表所預測的機率，而 C 則是類別的總數量。

以二元分類來說，交叉熵的公式就可以改寫成：

$$H(p, q) = -\sum_i p_i \log q_i = -\sum_i \left(y_i \log \hat{y}_i + (1 - y_i) \log (1 - \hat{y}_i) \right)$$

其中 y_i 代表第 i 個資料點的真正標籤，$\hat{y}_i$ 則是第 i 個資料點的預測機率。

我們來看一個具體的例子，如圖 8.16 所示。

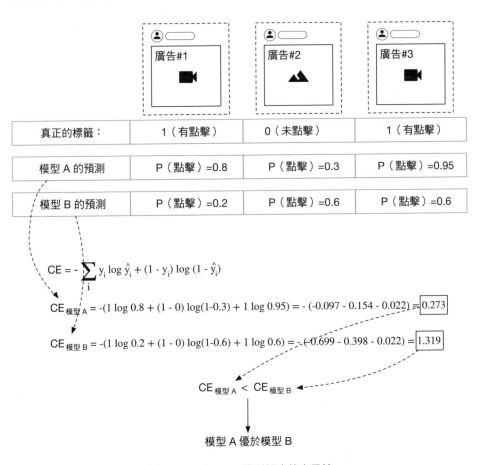

圖 8.16　兩個 ML 模型相應的交叉熵

請注意，除了可以把交叉熵用來作為一種指標之外，它也經常被用來作為分類模型訓練期間的標準損失函數。

正規化交叉熵（NCE）

正規化交叉熵其實就是模型的交叉熵，相對於背景點擊率（也就是訓練資料的平均點擊率）的交叉熵，兩者之間的比率。換句話說，正規化交叉熵會把預測的背景點擊率當成一個簡單的基準，然後把模型的表現拿來進行比較。正規化交叉熵的值如果比較低，就表示模型的表現優於那個簡單的基準。正規化交叉熵 ≥ 1 則表示模型的表現比不上那個簡單的基準。

$$正規化交叉熵 = \frac{交叉熵（ML 模型）}{交叉熵（簡單的基準）}$$

我們就來看個具體的例子，更進一步理解正規化交叉熵的計算方式。如圖 8.17 所示，簡單的基準模型會一直以 0.6（訓練資料的平均點擊率）作為它所預測的機率。在這樣的情況下，正規化交叉熵的值就是 0.324（小於 1），這也就表示模型 A 確實優於簡單的基準。

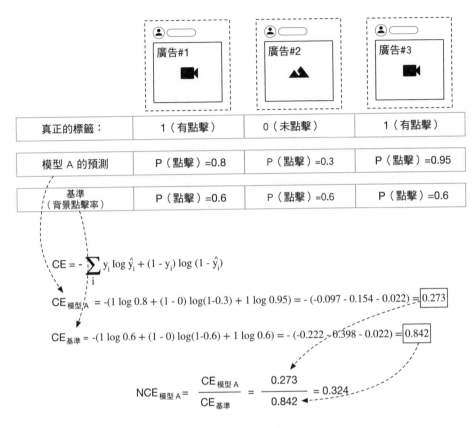

圖 8.17　計算出模型 A 的正規化交叉熵

線上指標

我們就來檢視一下線上評估期間可能會用到的一些指標。

- 點擊率（CTR）

- 轉換率（Conversion Rate）

- 營收的提升（Revenue Lift）

- 隱藏率（Hide Rate）

點擊率。這個指標衡量的是，被點擊的廣告數量，與展示的廣告總數量，兩者之間的比率。

$$點擊率 = \frac{被點擊的廣告數量}{展示的廣告總數量}$$

點擊率是廣告點擊預測系統一個很好的線上指標，因為設法提高使用者對廣告的點擊次數，確實與營收的增加有直接的關係。

轉換率。這個指標衡量的是，轉換的次數與廣告展示總數量兩者之間的比率。

$$轉換率 = \frac{轉換次數}{展示次數}$$

這個指標非常重要，因為它顯示的是廣告商實際上從這個系統受益的次數。這是非常重要的，因為廣告如果無法帶來轉換，廣告商最後一定會失去興趣，然後就會停止廣告支出了。

營收的提升。這個指標衡量的是一段時間內營收成長的百分比。

隱藏率。這個指標衡量的是，使用者主動去隱藏的廣告數量，與所展示的廣告數量，兩者之間的比率。

$$隱藏率 = \frac{被使用者隱藏的廣告數量}{所展示的廣告數量}$$

這個指標有助於瞭解系統究竟向使用者展示了多少不相關的廣告（也就是所謂的假陽性；false positives）。

提供服務

在提供服務時，系統要負責輸出一個按照點擊的機率排序的廣告列表。我們所提出的 ML 系統設計，如圖 8.18 所示。接著就來檢視下面這幾個管道吧：

- 資料準備的管道

- 持續學習的管道

- 預測的管道

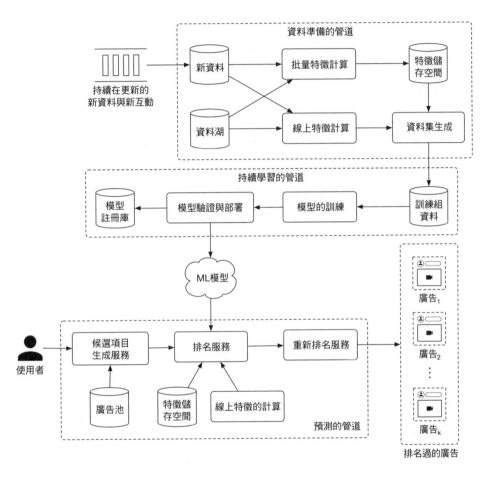

圖 8.18　ML 系統設計圖

資料準備的管道

資料準備的管道負責執行以下兩個任務：

1. 以線上和批量的方式計算出各種特徵

2. 根據新的廣告和新的互動，持續不斷生成訓練資料

為了計算出各種特徵，這裡會用到以下兩種做法：批量特徵計算和線上特徵計算。我們就來看看這兩種做法有何不同。

批量特徵計算

我們所選擇的某些特徵是比較靜態的；也就是說，這些特徵其實很少改變。舉例來說，廣告的圖片和類別，就屬於靜態的特徵。這個組件會透過批量作業的方式，定期（例如每隔幾天或幾週）計算出靜態的特徵，然後再把這些特徵保存在特徵儲存空間中。由於這些特徵都是預先計算好的，因此可以提高系統在服務期間的表現。

線上特徵計算

有些特徵是比較動態的；也就是說，這類特徵經常會變化。舉例來說，廣告的展示次數和點擊次數，就是動態特徵的範例。這類的特徵在查詢時必須在線上進行計算，而這個組件就是用來計算這類的動態特徵。

持續學習的管道

根據之前所提的需求，我們必須持續不斷學習新的模型。而這個管道就是負責根據新的訓練資料，對模型進行微調，並對新的模型進行評估，如果新的模型有能力改進指標，那就要去部署這個新的模型。這個管道可以確保預測的管道一定都是使用到最能夠適應最新資料的模型。

預測的管道

預測的管道會把所查詢的使用者當成輸入，然後輸出一個按照點擊機率排名的廣告列表。由於模型所依賴的一些特徵是比較動態的，所以這部分並不能採用批量預測的做法。相反的，我們會在請求到達時，用線上預測的方式來提供服務。

正如我們在前面的章節所看到的，這個預測的管道使用了兩階段架構。首先，我們會採用候選項目生成服務，把可運用的廣告池有效縮減到只剩下一小部分的廣告。以這裡的例子來說，我們會善用一般廣告商通常都會提供的廣告目標判斷依據，例如目標的年齡、性別和國家等等。

接著我們會採用排名模型，針對候選項目生成服務所取得的候選廣告，根據點擊的機率進行排名，然後再輸出排名比較靠前面的幾個廣告。這個組件會分別與特徵存儲空間和線上特徵計算組件進行互動。一旦取得靜態和動態的特徵，排名服務就會用這個模型來計算出每個候選廣告的預測點擊機率。這些機率會被用來對廣告進行排名，然後再輸出點擊機率最高的前幾個廣告。

最後，重新排名服務會再併入一些額外的邏輯，加上一些嘗試錯誤所得出的做法，來對廣告列表進行一些調整。舉例來說，我們可以把列表裡一些非常相似的廣告刪除掉，以增加廣告的多樣性。

其他討論要點

如果面試結束之後還有一些額外的時間，你也可以嘗試與面試官討論下面這幾個潛在的討論要點：

- 在排名和推薦系統中，避免資料外洩是非常重要的 [12][13]。

- 廣告點擊預測系統裡的模型，經常需要進行校準。你也許可以討論一下模型校準相關的技術與做法 [14]。

- 因子分解機（FM）其中一種常見的變體，就是所謂的場域感知因子分解機（FFM；field-aware Factorization Machine)。討論一下 FFM 以及它與一般因子分解機的不同之處，應該是個不錯的主意 [15]。

- 深度因子分解機（DeepFM）有個常見的變體，就是所謂的 XDeepFM。你也可以談談 XDeepFM，說明一下它與 DeepFM [10] 有何不同。

- 我們已經說明過，對於廣告點擊預測系統來說，持續學習的能力是非常必要的。不過，持續學習新資料也有可能導致災難性的遺忘現象。你可以討論一下什麼是災難性遺忘（catastrophic forgetting），以及常見的解決方式 [16]。

總結

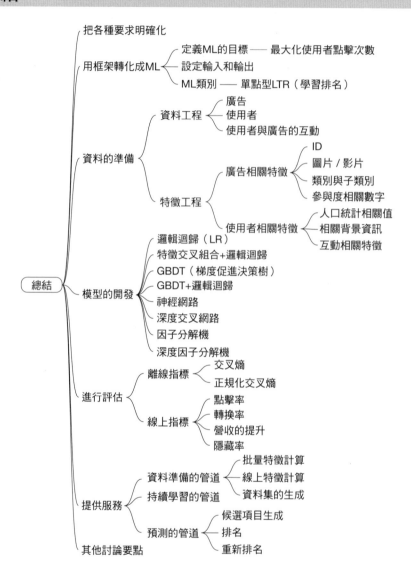

把各種要求明確化

用框架轉化成ML ─┬─ 定義ML的目標 ── 最大化使用者點擊次數
　　　　　　　　├─ 設定輸入和輸出
　　　　　　　　└─ ML類別 ── 單點型LTR（學習排名）

資料的準備 ─┬─ 資料工程 ─┬─ 廣告
　　　　　　│　　　　　　├─ 使用者
　　　　　　│　　　　　　└─ 使用者與廣告的互動
　　　　　　└─ 特徵工程 ─┬─ 廣告相關特徵 ─┬─ ID
　　　　　　　　　　　　　│　　　　　　　　├─ 圖片／影片
　　　　　　　　　　　　　│　　　　　　　　├─ 類別與子類別
　　　　　　　　　　　　　│　　　　　　　　└─ 參與度相關數字
　　　　　　　　　　　　　└─ 使用者相關特徵 ─┬─ 人口統計相關值
　　　　　　　　　　　　　　　　　　　　　　├─ 相關背景資訊
　　　　　　　　　　　　　　　　　　　　　　└─ 互動相關特徵

總結 ─

模型的開發 ─┬─ 邏輯迴歸（LR）
　　　　　　├─ 特徵交叉組合+邏輯迴歸
　　　　　　├─ GBDT（梯度促進決策樹）
　　　　　　├─ GBDT+邏輯迴歸
　　　　　　├─ 神經網路
　　　　　　├─ 深度交叉網路
　　　　　　├─ 因子分解機
　　　　　　└─ 深度因子分解機

進行評估 ─┬─ 離線指標 ─┬─ 交叉熵
　　　　　　│　　　　　　└─ 正規化交叉熵
　　　　　　└─ 線上指標 ─┬─ 點擊率
　　　　　　　　　　　　　├─ 轉換率
　　　　　　　　　　　　　├─ 營收的提升
　　　　　　　　　　　　　└─ 隱藏率

提供服務 ─┬─ 資料準備的管道 ─┬─ 批量特徵計算
　　　　　　│　　　　　　　　　├─ 線上特徵計算
　　　　　　│　　　　　　　　　└─ 資料集的生成
　　　　　　├─ 持續學習的管道
　　　　　　└─ 預測的管道 ─┬─ 候選項目生成
　　　　　　　　　　　　　　├─ 排名
　　　　　　　　　　　　　　└─ 重新排名

其他討論要點

參考資料

[1] 解決延遲回饋問題。https://arxiv.org/pdf/1907.06558.pdf。

[2] 廣告技術基礎。https://advertising.amazon.com/library/guides/what-is-adtech。

[3] SimCLR 的論文。https://arxiv.org/pdf/2002.05709.pdf。

[4] 特徵交叉組合。https://developers.google.com/machine-learning/crash-course/feature-crosses/video-lecture。

[5] 用 GBDT 來提取特徵。https://towardsdatascience.com/feature- Generation-with-gradient-boosted-decision-trees-21d4946d6ab5。

[6] DCN 的論文．https://arxiv.org/pdf/1708.05123.pdf。

[7] DCN V2 的論文。https://arxiv.org/pdf/2008.13535.pdf。

[8] 微軟深度交叉網路的論文。https://www.kdd.org/kdd2016/papers/files/adf0975-shanA.pdf。

[9] 因子分解機。https://www.jefkine.com/recsys/2017/03/27/factorization-machines/。

[10] 深度因子分解機。https://d2l.ai/chapter_recommender-systems/deepfm.html。

[11] Kaggle 在廣告點擊預測方面的獲勝解法。https://www.youtube.com/watch?v=4Go5crRVyuU。

[12] ML 系統裡的資料外洩問題。https://machinelearningmastery.com/data-leakage-machine-learning/。

[13] 以時間為依據的資料集拆分做法。https://www.linkedin.com/pulse/time-based-splitting-determining-train-test-data-come-manraj-chalokia/?trk=public_profile_article_view。

[14] 模型校準。https://machinelearningmastery.com/calibrated-classification-model-in-scikit-learn/。

[15] 場域感知因子分解機。https://www.csie.ntu.edu.tw/~cjlin/papers/ffm.pdf。

[16] 持續學習裡的災難性遺忘問題。https://www.cs.uic.edu/~liub/lifelong-learning/continual-learning.pdf。

9

短期租屋平台的類似選項

根據使用者目前正在查看的內容，進一步推薦類似的項目，這可說是一個非常關鍵的技術，可以讓我們在大型平台裡找出一些可能相關的內容。舉例來說，Airbnb 會推薦其他類似的住宿選項，Amazon 會推薦類似的商品，Expedia 則會向使用者推薦類似的體驗。

圖 9.1　推薦其他的類似選項

我們在本章設計了一個「類似的選項」（similar listings）功能，這功能很類似 Airbnb 或 Vrbo 這類短期租屋網站所提供的功能。如果使用者點擊了某個特定的選項，系統就會向他們推薦其他類似的選項。

把各種要求明確化

以下就是應試者和面試官之間很典型的一段互動過程。

應試者： 我能否假設，這個題目在商業上的目標就是增加使用者預訂的數量？

面試官： 可以。

應試者：「類似」的定義是什麼呢？系統所推薦的選項，一定要與使用者目前正在查看的選項很類似嗎？

面試官： 是的，你說得沒錯。如果兩個選項都位於同一個社區、同一座城市、落在相同的價格帶等等，你就可以把它們定義成兩個很類似的選項。

應試者： 所推薦的選項，需要針對使用者進行個人化調整嗎？

面試官： 我們希望已登入使用者與匿名使用者都能使用這樣的功能。在一般的實務做法中，通常會把這兩群人區分開來，然後只針對已登入使用者進行個人化調整。不過為了簡單起見，這裡姑且假設我們會以相同的方式來對待已登入使用者與匿名使用者。

應試者： 平台上有多少個選項可供選擇？

面試官： 500 萬個選項。

應試者： 我們打算如何建構訓練組資料？

面試官： 好問題。在本次面試過程中，我們先假設只會用到使用者與選項互動的資料。這個模型完全不會用到使用者相關屬性（例如年齡或所在位置），也不會用到選項相關屬性（例如價格和所在地點）。

應試者：新的選項要經過多久之後，才會出現在類似選項的結果列表中呢？

面試官：我們姑且假設，新的選項在發佈一天之後，就可以作為推薦選項出現在推薦列表中。在這段期間，系統會收集新的選項相關的互動資料。

這裡就來總結一下問題的陳述吧。我們被要求針對短期租屋平台，設計出一個「類似的選項」功能。系統的輸入就是使用者目前正在查看的特定選項，輸出則是使用者接下來可能會去點擊的類似選項排名列表。無論是匿名使用者還是已登入使用者，所看到的推薦選項應該都是一樣的。這個平台上大約有 500 萬個選項，新的選項只要經過一天之後，就可以出現在推薦列表中。這個系統在商業上的目標，就是增加預訂的數量。

用框架把問題轉化成 ML 任務

定義 ML 的目標

使用者所點擊的一系列選項，通常都具有蠻類似的特徵，例如全都位於同一座城市，或是落在很接近的價格範圍內。我們可以靠著這樣的觀察結果，把 ML 的目標定義成，根據使用者目前正在查看的選項，準確預測出使用者接下來會去點擊哪一個選項。

設定系統的輸入和輸出

如圖 9.2 所示，「類似的選項」這個系統會把使用者目前正在查看的選項當成輸入，然後輸出相關選項的一份排名列表，其中各個選項都是按照使用者會去點擊的機率來進行排序。

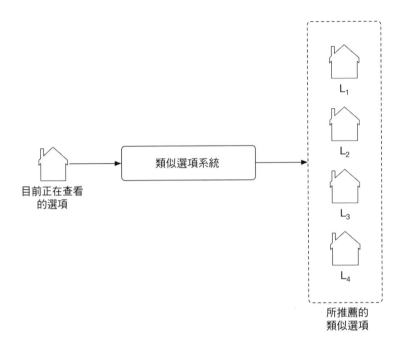

圖 9.2　類似選項系統相應的輸入 / 輸出

選擇正確的 ML 類別

大多數推薦系統都是靠使用者的互動歷史,來瞭解使用者的長期興趣之所在。不過,這樣的推薦系統恐怕無法順利解決「類似的選項」這類的問題。以這裡的例子來說,相較於使用者很久之前查看過的選項,最近才剛查看的選項顯然具有更豐富的資訊。在這樣的情況下,通常會採用 session 型(session-based)的推薦系統。

有許多電商和旅遊預訂平台,在做法上都與 Airbnb 很類似,在推薦時比較看重使用者短期的興趣。系統在提供高品質的推薦時,如果比較看重使用者最近的互動而非長期的興趣,這時候 session 型推薦系統通常就會被用來取代掉傳統的推薦系統。session 型推薦系統只會根據使用者目前的瀏覽 session 來做推薦。我們現在就來仔細研究一下 session 型推薦系統吧。

session 型推薦系統

session 型推薦系統的目標，就是根據使用者最近所瀏覽的一系列項目，來預測出下一個項目。在這個系統中，使用者的興趣會隨著前後背景狀況快速變化。所謂的好推薦，很大程度上取決於使用者最近的互動情況，而不是使用者一般的興趣。

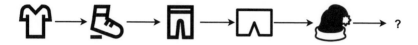

圖 9.3　瀏覽各種商品的一個瀏覽 session

session 型推薦系統與傳統的推薦系統有何差別？

在傳統的推薦系統中，使用者的興趣與當下的前後背景狀況無關，而且並不太會頻繁變化。但在 session 型推薦系統中，使用者的興趣是動態的，而且變化得很快。傳統推薦系統的目標，就是想要瞭解使用者一般的興趣。相較之下，session 型推薦系統的目標，則是根據使用者最近的瀏覽歷史，來瞭解使用者的短期興趣。

如果要建構出一個 session 型推薦系統，其中一種廣泛被運用的技術，就是利用使用者瀏覽歷史裡各個項目的共現性（co-occurrences），來學習各項目相應的內嵌。舉例來說，Instagram 會去學習各帳號相應的內嵌，藉此方式提供所謂的「探索」（Explore）功能 [1]，Airbnb 則會去學習各個選項相應的內嵌，藉此方式支援「類似的選項」這樣的功能 [2]，而 word2vec [3] 其實也是用類似的做法，學習得出其中含有單詞意義的單詞內嵌。

本章會把「類似的選項」這個問題轉化成 session 型的推薦任務。在建立系統時，我們會訓練出一個模型，把每一個選項對應到一個相應的內嵌向量。如果兩個選項經常同時出現在使用者的瀏覽歷史紀錄中，它們的內嵌向量在內嵌空間裡就會靠得非常近。

如果想推薦類似的選項，我們可以在內嵌空間裡尋找，看看有哪些選項最靠近目前正在查看的選項。接著就來看個例子吧。在圖 9.4 中，每一個選項都可以對應到 2D 空間裡的一個 x。如果想推薦一些與 L_t 比較類似的選項，我們只要選出最靠近的前 3 個內嵌，然後再列出這 3 個相應的選項就可以了。

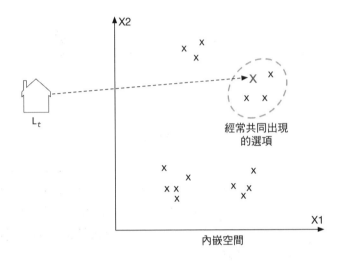

圖 9.4　類似的選項在內嵌空間裡的情況

資料的準備

資料工程

下面就是一些可運用的資料：

- 使用者
- 選項
- 使用者與選項的互動

使用者

下面顯示的是稍微簡化過的使用者資料架構。

表 9.1　使用者資料的架構

ID	使用者名稱	年齡	性別	城市	國家	語言	時區

選項

選項資料包含了每個選項相關的屬性，例如價格、床位數量、屋主 ID 等等。表 9.2 顯示的就是選項資料的一些簡單範例。

表 9.2　選項資料

ID	屋主 ID	價格	平方英尺	評價	類型	城市	床位	最多住客數量
1	135	135	1060	4.97	整棟	紐約	3	4
2	81	80	830	4.6	單人房	舊金山	1	2
3	64	65	2540	5.0	共住房	波士頓	4	6

使用者與選項的互動

表 9.3 顯示的是使用者與選項的各種互動，例如選項展示、點擊、預訂等等。

表 9.3　使用者與選項的互動資料

ID	使用者 ID	選項 ID	這個選項在列表裡的位置	互動類型	來源	時間戳
2	18	26	2	點擊	搜尋功能	1655121925
3	5	18	5	預訂	類似選項功能	1655135257

特徵工程

如「用框架把問題轉化成 ML 任務」一節所述，這個模型在訓練期間只會運用到使用者的瀏覽歷史紀錄。其他的資訊（例如標價、使用者的年齡等等）全都不會用到。

我們在本章會把瀏覽歷史紀錄稱之為「搜尋 session」（search session）。搜尋 session 其實就是一系列被點擊的選項 ID，而其中最後一個就是最終所預訂的選項，在列表中並沒有另外隔開來。圖 9.5 顯示的就是一個搜尋 session 的例子，使用者的這個 session 是從他點擊了 L_1 開始，直到最後使用者預訂了 L_{20} 就算是結束了。

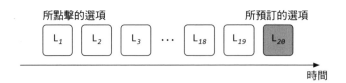

圖 9.5　搜尋 session 的一個範例

我們會在「特徵工程」這個步驟，從互動資料裡提取出「搜尋 session」。表 9.4 顯示的就是搜尋 session 的一個簡單範例。

表 9.4　搜尋 session 資料

session ID	所點擊的選項 ID	最後所預訂的選項 ID
1	1, 5, 4, 9	26
2	6, 8, 9, 21, 6, 13, 6	5
3	5, 9	11

模型的開發

模型的選擇

如果想學習內嵌，神經網路就是最標準的方法。如果想挑選出一個好用的神經網路架構，其中牽涉到各式各樣的因素，例如任務的複雜度、訓練的資料量等等。在挑選神經網路架構相關的超參數時（例如神經元數量、層數、激活函數等等），常見的做法就是透過實驗，挑選出其中表現最好的架構。在這裡的例子中，我們選擇了一個淺層（shallow）神經網路架構，來學習各個選項相應的內嵌。

模型的訓練

如圖 9.6 所示，這個模型的工作，就是針對所給定的輸入選項，預測出輸入的前後範圍內，有哪些其他的選項。

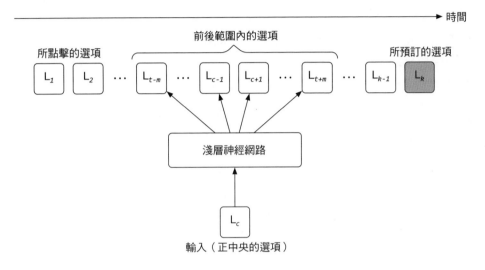

圖 9.6　預測出相鄰的選項

在訓練過程中，一開始會用一些隨機向量來作為各個選項的內嵌初始值。整個訓練過程都會採用滑動視窗的方式來讀遍整個搜尋 session，逐漸學習得出相應的內嵌。在滑動視窗時，視窗正中央的選項相應的內嵌會進行更新，盡量調整成與視窗內其他選項的內嵌越相似越好，同時又要盡可能與視窗外的其他選項越不相似越好。如此一來，這個模型就可以根據所給定的選項，利用這些內嵌來預測出前後的其他選項了。

為了讓模型能持續適應新的選項，我們每天都會利用新建立的訓練資料，重新對模型進行訓練。

資料集的建構

資料集的建構，有很多種不同的做法。在這裡的例子中，我們選擇了一種稱為「負抽樣」（negative sampling）[4] 的技術，這種技術在學習內嵌時還蠻常用的。

為了要建立訓練資料，我們會從搜尋 session 裡建立一些陽性（positive）和陰性（negative）的成對資料。「陽性」的成對資料就表示選項的內嵌很相似，而「陰性」的成對資料則表示選項的內嵌並不相似。

如果說得更準確一點，我們會針對每一個 session，用滑動視窗的方式讀遍所有的選項。滑動視窗時，我們會用視窗正中央的那個選項搭配前後的其他選項，建立一些陽性的成對資料。同時我們也會利用正中央的選項，搭配隨機抽樣的其他選項，建立一些陰性的成對資料。陽性成對資料所對應的真實標籤為 1，陰性成對資料所對應的標籤則為 0。

圖 9.7 所呈現的就是如何利用滑動視窗的方式，陸續讀遍整個搜尋 session，以建立一些陽性／陰性成對資料的過程。

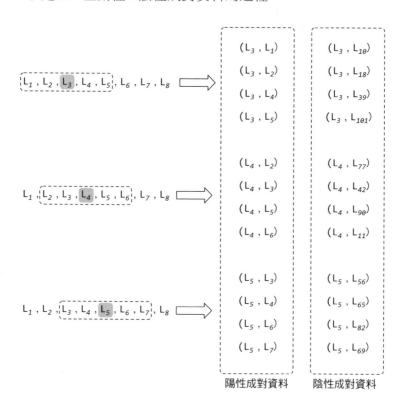

圖 9.7　建構陽性／陰性成對選項的過程

挑選損失函數

損失函數所要衡量的是，系統所預測的機率與真正的標籤兩者之間的一致性。如果兩個選項組合成一組陽性的成對資料，相應的內嵌應該很接近才對；如果兩個選項組合成一組陰性的成對資料，相應的內嵌則應該離得很遠。如果用更正式的說法，損失的計算步驟如下：

1. 計算兩個內嵌之間的距離（例如計算點積）。

2. 用 S 型（Sigmoid）函數把計算出來的距離，轉換成 0~1 之間的機率值。

3. 用交叉熵（cross-entropy）來作為標準的分類損失函數，針對所預測的機率與真正的標籤，衡量兩者之間的損失。

圖 9.8 顯示的就是損失值的計算步驟。

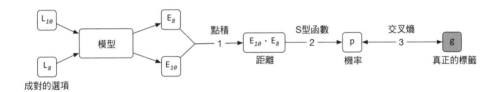

圖 9.8　損失的計算步驟

損失值可以用下面的公式來表示：

$$損失 = \sum_{(c,p) \in D_p} \log \frac{1}{1 + e^{-E_p \cdot E_c}} + \sum_{(c,n) \in D_n} \log \frac{1}{1 + e^{E_n \cdot E_c}}$$

其中：

- c 代表的是正中央那個選項，p 是陽性的選項（會在前後範圍內與 c 同時出現），n 則是陰性的選項（並沒有與 c 同時出現）

- E_c 就是正中央那個選項 c 的內嵌向量

- E_n 代表的是陰性選項 n 的內嵌向量

- E_p 代表的是陽性選項 p 的內嵌向量

- D_p 就是（c, p）一堆陽性的成對資料，其中每個元組（Tuple）所代表的就是（正中央的選項、前後範圍內的選項），我們的模型會盡可能把這兩個向量往彼此推得更靠近一點

- D_n 則是（c, n）一堆陰性的成對資料，其中每個元組代表的是（正中央的選項，隨機的選項），我們的模型會盡可能把這兩個向量互相推開

第一個加總計算的是陽性成對資料的損失，第二個加總計算的是陰性成對資料的損失。

我們能否改進損失函數，學習得出更好的內嵌？

前面所提到的損失函數，只不過是個還算不錯的起點。不過，它有兩個缺點。第一，在訓練期間，正中央那個選項的內嵌，確實會被推向更靠近前後範圍內的其他內嵌，但是它並不會被推向更靠近使用者最後真正去預訂的選項相應的內嵌。這樣一來，內嵌雖然可以順利預測出相鄰的選項，卻無法預測出使用者最後所預訂的選項。我們真正想要的，其實是協助使用者找出最後會去預訂的選項，因此前面的做法並不是最佳的選擇。

第二，前面所生成的陰性成對資料，其中的選項有可能來自不同的地區，因為這些選項全都是以隨機的方式進行抽樣的。不過，使用者通常只會在特定的地區內（例如舊金山地區）進行搜尋。在學習內嵌時，那些來自同一地區、但是沒出現在前後範圍內的選項，也許對於學習來說更有意義。

我們就來嘗試解決這些缺點吧。

使用者最後真正去預訂的選項，每次都當成前後範圍內的資料

為了讓學習所得出的內嵌，更善於預測出最後所預訂的選項，我們會在訓練的階段，每次都把最後所預訂的選項當成前後範圍內的資料。隨著視窗的滑動，總有一些選項會進入或脫離這個前後的範圍，可是最後所預訂的選項則會一直保留在前後範圍內，用來調整每一個正中央選項相應的內嵌向量。

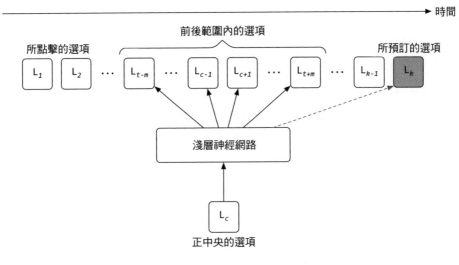

圖 9.9　把使用者最後所預訂的選項，添加到陽性的成對資料中

訓練過程中，我們每次都會把最後所預訂的選項當成前後範圍內的資料，因此（正中央的選項，最後所預訂的選項）一定會被添加到訓練資料中，並標記為陽性。這樣就可以促使模型在訓練的期間，把最後所預訂的選項相應的內嵌，盡可能推向 session 裡每一次所點擊選項的附近，如圖 9.9 所示。

在訓練資料中添加陰性的成對資料時，盡量從相同地區取得資料

隨著視窗的滑動，我們也會故意從相同的地區，挑選出另一個不在前後範圍內的選項，來搭配正中央選項。然後我們會把這一組成對資料標記為陰性，再添加到我們的訓練資料中。

接著就來看看，加入這些新的訓練資料之後，更新過的損失函數如下：

$$
損失 = \sum_{(c,p)\in D_p} \log \frac{1}{1+e^{-E_c \cdot E_p}} + \sum_{(c,n)\in D_n} \log \frac{1}{1+e^{E_c \cdot E_n}} +
$$

$$
\sum_{(c,b)\in D_{\text{booked}}} \log \frac{1}{1+e^{-E_c \cdot E_b}} + \sum_{(c,n)\in D_{\text{hard}}} \log \frac{1}{1+e^{E_c \cdot E_n}}
$$

其中：

- E_b 代表最後所預訂的選項 b 相應的內嵌向量

- D_{booked} 就是（c, b）這組成對資料，這個元組代表的是（正中央選項，所預訂的選項），這兩個向量會被推得越靠近彼此越好

- D_{hard} 是我們硬加入的一堆陰性成對資料（c, n），其中每個元組代表的是（正中央選項，同地區陰性選項），這兩個向量會被推得距離越遠越好

我們之前已經解釋過前兩個加總和所代表的意義。第三個加總和計算的是新加入的陽性成對資料（內含使用者最後所預訂的選項）相應的損失。這個部分可以協助模型把正中央選項的內嵌，盡可能推向靠近最後所預訂選項的內嵌。

第四個加總和計算的是針對相同地區新添加的陰性成對資料相應的損失。模型會盡可能把這樣的內嵌推得越遠越好。

進行評估

離線指標

在模型的開發階段，我們會用離線指標來衡量模型的輸出品質，並且把新開發出來的模型與舊的模型進行比較。如果想要針對學習過的內嵌進行評估，其中一種做法就是根據使用者最近所點擊的選項，測試一下系統能不能預測出使用者最後所預訂的選項。我們會建立一個叫做「最後所預訂選項平均排名」的指標，接著就來詳細討論一下這個指標吧。

最後所預訂選項平均排名。我們來看個例子，理解一下這個指標的涵義。圖 9.10 顯示的是某個使用者的搜尋 session。如你所見，這個搜尋 session 總共包含七個選項。第一個選項（L_0），就是使用者最開始所查看的選項。接下來的五個則是使用者依序所點擊的選項。而最後一個選項（L_6），就是使用者最後所預訂的選項。

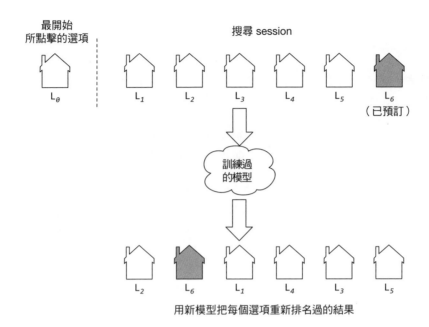

圖 9.10　模型重新排名過的一個 session

我們會用這個模型來計算出一開始所點擊的選項與其他的選項在內嵌空間裡的相似度。一旦計算出相似度，就可以對這些選項進行排名。最後所預訂選項的排名位置，就可以讓我們看到，如果用新模型來進行推薦，最後所預訂的選項（L_6）可以排名到多高的位置。如圖 9.10 所示，新的模型（下面的排名結果）會把最後所預訂的選項（L_6）排到第二的位置。

模型把最後所預訂的選項排名到越高的位置，就表示學習所得出的內嵌，越有能力把最後所預訂的選項放到推薦列表越前面的位置。我們還會把驗證組資料所有 session 裡最後所預訂選項的排名進行平均，以計算出這個指標的值。

線上指標

根據之前的要求，我們在商業上的目標就是要增加預訂的數量。下面就是幾個可採用的線上指標：

- 點擊率（CTR）

- session 預訂率

點擊率。 這個比率顯示的是，當大家看到系統所推薦的選項時，最後真的去點擊它的頻率。

$$點擊率 = \frac{被點擊的選項數量}{所推薦的選項數量}$$

這個指標可用來衡量使用者的參與度。舉例來說，如果使用者比較頻繁去點擊選項，某些被點擊的選項最後被預訂的可能性就會更高一點。不過，由於點擊率並沒有衡量出平台實際的預訂數量，因此我們另外還會用「session 預訂率」這個指標來彌補點擊率的不足。

session 預訂率。 這個比率顯示的是，有多少搜尋 session 最後確實轉換成預訂結果。

$$session 預約率 = \frac{session 確實有轉換成預訂結果的數量}{session 的總數量}$$

這個指標與我們的商業目標（也就是增加使用者預訂的數量）有直接的關係。「session 預訂率」越高，這個平台所促成的營收數字也就越高了。

提供服務

在提供服務時，系統會根據使用者目前正在查看的選項，把類似的選項推薦給使用者。圖 9.11 顯示的就是這個 ML 系統設計的概要說明。

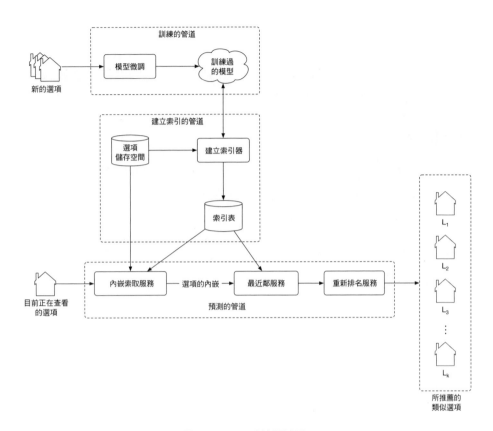

圖 9.11 ML 系統設計圖

我們就來仔細研究一下幾個主要的組件吧。

訓練的管道

訓練的管道會利用新的選項,以及使用者與選項的互動,來對模型進行微調。這樣就可以讓模型持續根據新的互動和新的選項,不斷適應最新的變化。

建立索引的管道

只要利用一個訓練過的模型,就可以預先計算出平台上所有選項的內嵌,然後再把這些內嵌保存到索引表中。這樣的做法,可以顯著加快預測的流程。

這個建立索引的管道，主要就是負責建立、維護這個索引表。舉例來說，每當出現新的選項內嵌時，這個管道就會把新的內嵌添加到索引表中。此外，只要一有訓練好的新模型，這個管道就會使用新的模型，重新計算出所有的內嵌，並對索引表進行更新。

預測的管道

預測的管道會根據使用者目前正在查看的選項，把類似的選項推薦給使用者。整個預測的管道如圖 9.11 所示，其中包括：

- 內嵌索取服務（Embedding Fetcher Service）
- 最近鄰服務（Nearest Neighbor Service）
- 重新排名服務（Re-Ranking Service）

我們就來逐一檢視每一個組件吧。

內嵌索取服務

這個服務會把目前正在查看的選項當成輸入，然後根據模型在訓練期間有沒有看過這個選項，進而做出不同的動作。

模型在訓練期間已經看過所輸入的選項

如果在訓練期間看過這個選項，就表示它的內嵌向量已經被學習過，在索引表內就可以找到它了。在這樣的情況下，內嵌索取服務就會直接從索引表內取出相應的選項內嵌。

模型在訓練期間並未看過所輸入的選項

如果輸入的是新選項，模型在訓練期間應該就沒看過它。這樣有點問題，因為如果沒有這個選項相應的內嵌，我們就無法找出與它類似的選項了。

為了解決這個問題，內嵌索取服務會先以嘗試錯誤的方式來處理這個新選項。舉例來說，如果遇到全新的選項，我們可以先找出地理位置上很靠近的選項，用相應的內嵌來暫時代表這個全新的選項。等到新選項收集到足

夠的互動資料之後，訓練的管道就可以用微調模型來學習它真正的內嵌了。

最近鄰服務

為了要推薦類似的選項，我們必須去計算出目前所查看的選項相應的內嵌，與平台上其他選項的內嵌之間的相似度。這就是最近鄰服務所負責的工作。這個服務會計算出相應的相似度，然後再輸出內嵌空間裡靠得最近的相鄰選項。

請記住，我們的平台上有 500 萬個選項。要計算出這麼多選項的相似度，肯定很花時間，而且有可能會拖慢服務的速度。因此，我們會採用近似型的最近鄰演算法，來加快搜尋的速度。

重新排名服務

這個服務可以套用使用者自己的篩選條件，或是套用某些約束條件，來對選項進行調整。舉例來說，如果選項的價格高於使用者所設定的價格篩選條件，這個選項在這裡就會被篩選掉了。此外，根據使用者目前正在查看的選項，把其他選項呈現給使用者之前，也可以先把其中來自不同城市的選項提前刪除掉。

其他討論要點

如果面試結束之後還有一些時間，下面還有一些可以額外進行討論的要點：

- 什麼是立場上的特定偏向？怎麼解決這類的問題？ [5]

- session 型的做法與隨機漫步（random walk）[6] 的做法相比如何？如何利用重啟型隨機漫步（RWR；Random Walks with Restart）的做法，來推薦類似的選項？ [7]

- 如何把使用者的長期興趣列入考慮，讓 session 型推薦系統能夠提供個人化的輸出結果（在 session 範圍內進行個人化調整）？ [2]

- 季節性因素對於短期租屋有很大的影響,我們該如何把季節性因素納入這個類似選項系統? [8]

總結

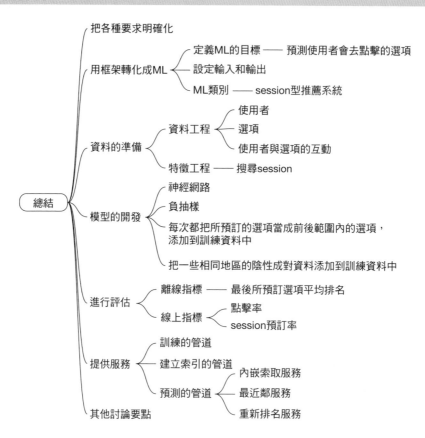

參考資料

[1] Instagram 的探索推薦系統。https://ai.facebook.com/blog/powered-by-ai-instagrams-explore-recommender-system。

[2] 搜尋排名裡的選項內嵌。https://medium.com/airbnb-engineering/list ting-embeddings-for-similar-listing-recommendations-and-real-time-personalizati on-in-search-601172f7603e。

[3] Word2vec。https://en.wikipedia.org/wiki/Word2vec。

[4] 負抽樣技術。https://www.baeldung.com/cs/nlps-word2vec-negative-sampling。

[5] 立場上的特定偏向。https://eugeneyan.com/writing/position-bias/。

[6] 隨機漫步。https://en.wikipedia.org/wiki/Random_walk。

[7] 重啟型隨機漫步。https://www.youtube.com/watch?v=HbzQzUaJ_9I。

[8] 推薦系統的季節性因素。https://www.computer.org/csdl/proceedings-article/big-data/2019/09005954/1hJsfgT0qL6。

個人動態訊息

簡介

動態訊息（news feed）是社群網路平台上很常見的功能，它會在時間軸上顯示朋友最近的活動，藉此讓使用者保持一定的參與度。大多數的社群網路（例如 Facebook [1]、Twitter [2] 和 LinkedIn [3]）都會提供個人動態訊息，以維持使用者的參與度。

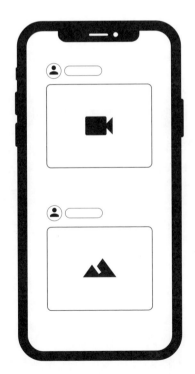

圖 10.1　使用者時間軸上的個人動態訊息

我們在本章被要求設計出一套個人動態訊息系統。

把各種要求明確化

以下就是應試者和面試官之間很典型的一段互動過程。

應試者：我能否假設，個人動態訊息的設計動機，就是讓使用者持續參與平台上的互動？

面試官：沒錯，我們會在貼文與貼文之間，展示一些贊助商所提供的廣告。更多的使用者參與，一定可以提升我們的營收。

應試者：使用者只要一重新整理時間軸，我們就可以向使用者展示一些新活動的貼文。我能否假設，這裡的「新活動」指的就是一些沒看過的貼文，或是有新的留言還沒看過的一些貼文？

面試官：這是個合理的假設。

應試者：所謂的貼文，有可能包含文字內容、圖片、影片，或是前述幾種形式的任意組合嗎？

面試官：貼文確實有可能是這幾種形式的任意組合。

應試者：為了保持使用者的參與度，系統應該把最有吸引力的內容放在時間軸比較靠前面的位置，這樣大家才比較有機會在前幾篇貼文裡進行互動。這樣是對的嗎？

面試官：沒錯，這樣是對的。

應試者：我們要不要針對特定類型的參與方式，進行最佳化調整？我的假設是，參與方式可以分成好幾種不同的類型，例如點擊、按讚、分享等等。

面試官：很好的問題。對我們的平台來說，使用者不同的反應方式，各有不同的價值。舉例來說，給貼文按讚，就比單純只點擊貼文更有價值。理想的情況下，我們的系統在對貼文進行排名時，確實應該把一些比較重要

的使用者反應考慮進來。在這樣的前提下，我打算讓你自己去定義「參與度」，並且讓你去選擇模型應該最佳化哪些東西。

應試者：這個平台有哪些比較重要的使用者反應呢？我的假設是，使用者可以點擊、按讚、分享、留言、隱藏、封鎖其他使用者，或是請求建立朋友關係。除此之外，還有什麼其他的反應需要列入考慮呢？

面試官：你所提到的都是一些很重要的反應。我們就把重點放在這些反應吧。

應試者：系統運作的速度應該有多快呢？

面試官：我們希望使用者一重新整理時間軸、或是開啟應用程式時，這個系統就能快速呈現出已經排名好的貼文。如果等待的時間太長，使用者一旦覺得無聊就會離開了。我們姑且假設，系統應該在 200 毫秒（ms）之內，就能把排名好的貼文呈現出來。

應試者：我們每天會有多少活躍的使用者呢？每天預計會有多少時間軸需要進行更新？

面試官：我們總共擁有將近 30 億的使用者。大約有 20 億人是每天都很活躍的使用者，他們平均每天都會查看兩次動態訊息。

這裡就來總結一下問題的陳述吧。我們被要求設計出一套個人動態訊息系統。這套系統可擷取出還沒看過的貼文，或是有留言還沒看過的貼文，然後再根據貼文對使用者的吸引力，對貼文進行排名。整個過程應該不能超過 200 毫秒。這個系統的目標，就是提高使用者的參與度。

用框架把問題轉化成 ML 任務

定義 ML 的目標

我們就來檢視一下，三個可以考慮採用的 ML 目標：

- 盡可能最大化一些比較間接的反應數字（例如使用者的停留時間，或是使用者的點擊次數）

- 盡可能最大化一些比較直接的反應數字（例如按讚或分享的次數）
- 用一個加權分數把直接和間接的反應結合起來，然後再盡可能把它最大化

接著就來詳細討論每一個選項吧。

選項 1：盡可能最大化一些比較間接的反應數字（例如使用者的停留時間，或是使用者的點擊次數）

在這個選項中，我們選擇比較間接的訊號來代表使用者的參與度。舉例來說，我們可以對 ML 系統進行最佳化調整，盡可能最大化使用者的點擊次數。

這麼做的優點是，相較於比較直接的那種反應資料，我們所能掌握到的、比較間接的反應資料量會比較多一點。比較多的訓練資料，通常可以得出比較準確的模型。

至於缺點則是，比較間接的反應並不總是能正確反映出使用者對於貼文的真實看法。舉例來說，使用者有可能去點擊了某一則貼文，後來卻發現根本不值得一讀。

選項 2：盡可能最大化一些比較直接的反應數字（例如按讚、分享、隱藏貼文）

在這個選項中，我們選擇比較直接的反應，來代表使用者對於貼文的看法。

這種做法的優點是，比較直接的訊號通常比間接的訊號更有明顯的意義。舉例來說，使用者如果對某一則貼文按讚，這肯定比單純只點擊貼文的反應，更具有強烈的參與意義。

至於主要的缺點就是，一般使用者其實很少用這種直接而明確的反應方式，來表達他們自己的看法。舉例來說，使用者有可能覺得某篇貼文很有趣，但他卻不一定會做出任何反應。在這樣的情況下，由於訓練的資料量實在太有限了，因此模型很難做出準確的預測。

選項 3：用一個加權分數把直接和間接的反應結合起來，然後再盡可能把它最大化

在這個選項中，我們會同時採用直接與間接的反應，來判斷使用者對於貼文的參與程度。具體來說，我們會根據每一個反應對我們而言的價值高低，來分配不同的權重。然後，我們會針對這個 ML 系統進行最佳化調整，盡可能最大化這個包含各種反應的加權分數。

表 10.1 顯示的就是各種不同的反應與權重之間的對應關係。正如你所看到的，按下「讚」按鈕比單純的點擊更有價值，而分享則比按讚更有價值。此外，隱藏與封鎖這類的負面反應，則具有負的權重值。請注意，這些權重值可以根據業務上的需求，而去選擇不同的數值。

表 10.1　各種不同的反應相應的權重值

反應	點擊	按讚	留言	分享	請求建立朋友關係	隱藏	封鎖
權重值	1	5	10	20	30	-20	-50

應該選擇哪個選項呢？

我們選擇的是最後這個混合的選項，因為它可以讓我們針對不同的反應，各自分配不同的權重值。這一點很重要，因為這樣就可以針對業務上比較重要的東西，來對系統進行最佳化調整。

設定系統的輸入和輸出

如圖 10.2 所示，個人動態訊息系統會把使用者當成輸入，然後再輸出一份按照參與度排序的列表，其中包含了使用者沒看過的一些貼文，或是有留言沒看過的一些貼文。

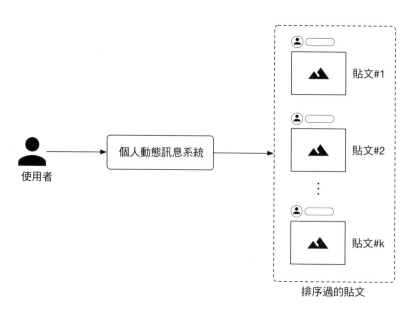

圖 10.2　個人動態訊息系統的輸入 / 輸出

選擇正確的 ML 類別

個人動態訊息系統會根據貼文吸引使用者參與的程度,生成一份排名好的貼文列表。單點型學習排名(Pointwise LTR;Pointwise Learning To Rank)是一種簡單而有效的做法,可以根據使用者參與度的分數,對貼文進行排名,以實現個人動態訊息的功能。為了瞭解如何計算出使用者和貼文之間的參與度分數,我們就來看個具體的例子吧。

如圖 10.3 所示,我們使用了好幾個二元分類器,來預測(使用者,貼文)這樣的成對資料出現各種直接或間接反應的機率。

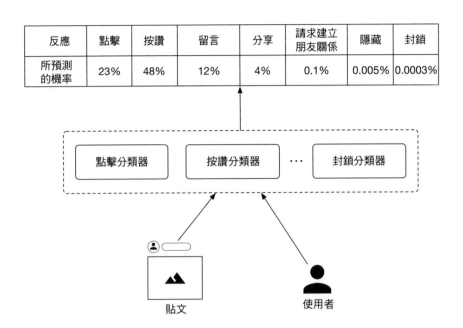

反應	點擊	按讚	留言	分享	請求建立朋友關係	隱藏	封鎖
所預測的機率	23%	48%	12%	4%	0.1%	0.005%	0.0003%

圖 10.3　各種反應的預測機率

一旦預測出這些機率，我們就可以計算出參與度分數了。圖 10.4 顯示的就是如何計算參與度分數的範例。

反應	點擊	按讚	留言	分享	請求建立朋友關係	隱藏	封鎖
所預測的機率	23%	48%	12%	4%	0.1%	0.005%	0.0003%
權重值	1	5	10	20	30	-20	-50
分數	0.23	2.4	1.2	0.8	0.03	-0.001	-0.00015
參與度分數 = 4.65885							

圖 10.4　計算參與度分數

資料的準備

資料工程

如果想設計出具有預測效果的特徵，先瞭解一下有哪些可供運用的原始資料，通常是很有意義的做法。這裡可以假設，我們有下面這幾類原始資料可運用：

- 使用者
- 貼文
- 使用者與貼文的互動
- 朋友關係

使用者

使用者資料的架構如下圖所示。

表 10.2　使用者資料的架構

ID	使用者名稱	年齡	性別	城市	國家	語言	時區

貼文

表 10.3 顯示的就是貼文資料的一些範例。

表 10.3　貼文資料

作者 ID	文字內容	短標籤	被提及的人	圖片或影片	時間戳
5	今天和我最好的朋友在我們最喜歡的地方	美好人生，開心	hs2008	-	1658450539
1	這是我們體驗過最棒的一次旅行	旅遊，馬爾地夫	Alexish, shan.tony	http://cdn. mysite.com/ maldi ves.jpg	1658451341
29	我想跟你說今天我遇到的一段蠻不愉快的經歷。我去了…	-	-	-	1658451365

使用者與貼文的互動

表 10.4 顯示的就是一些使用者與貼文的互動資料。

表 10.4　使用者與貼文的互動資料

使用者 ID	貼文 ID	互動類型	互動內容	位置 （緯度、經度）	時間戳
4	18	按讚	-	38.8951 -77.0364	1658450539
4	18	分享	使用者 #9	41.9241 -89.0389	1658451365
9	18	留言	你看起來好美	22.7531 47.9642	1658435948
9	18	封鎖	-	22.7531 47.9642	1658451849
6	9	展示	-	37.5189 122.6405	1658821820

朋友關係

朋友關係表（friendship table）保存著使用者之間人際關係的資料。我們假設，使用者還可以指定哪些人是他們很親密的朋友或家人。表 10.5 所顯示的就是朋友關係資料的一些例子。

表 10.5　朋友關係資料

使用者 ID 1	使用者 ID 2	朋友關係建立的時間	親密的朋友	家人
28	3	1558451341	是	否
7	39	1559281720	否	是
11	25	1559312942	否	否

特徵工程

我們在本節會設計出一些具有預測效果的特徵，然後再準備好這些資料給模型使用。具體來說，我們設計了下面這幾類特徵：

- 貼文相關特徵
- 使用者相關特徵
- 使用者與作者的關係密切程度（affinities）

貼文相關特徵

實際上，每一則貼文都有很多的屬性。我們實在很難涵蓋所有的屬性，所以這裡只會討論其中最重要的一些屬性。

- 文字內容
- 圖片或影片
- 反應
- 短標籤（Hashtag）
- 貼文的年齡

文字內容

這是什麼呢？ 這是貼文裡的文字內容 —— 也就是貼文的主體（main body）。

為什麼這很重要？ 文字內容有助於判斷貼文裡談的是什麼樣的內容。

如何準備這類的資料呢？ 我們會對文字內容進行預處理，然後運用預訓練過的語言模型，把文字轉換成一個數值化的向量。由於文字內容通常都是句子的形式，而不是單獨的一個單詞，因此我們會使用前後文感知（context-aware）的語言模型（例如 BERT [4]）。

圖片或影片

這是什麼呢？ 貼文裡有可能包含一些圖片或影片。

為什麼這很重要？ 我們可以從圖片裡提取出一些重要的訊號。舉例來說，貼文裡如果有槍支的圖片，或許就表示這則貼文兒童不宜。

如何準備這類的資料呢？ 首先，圖片或影片需要進行一些預處理。接著再運用預訓練過的模型，把一些非結構化的圖片 / 影片資料轉換成相應的內嵌向量。舉例來說，我們可以運用 ResNet [5] 或最近才剛推出的 CLIP 模型 [6]，來作為預訓練模型。

反應

這是什麼呢？ 這指的就是貼文被按讚、分享、回覆等等的次數。

為什麼這很重要？ 貼文被按讚、分享、隱藏等等的次數，可以呈現出這則貼文吸引使用者參與其中的程度。相較於只有十個讚的貼文，使用者應該會對那種有好幾千個讚的貼文更有興趣才對。

如何準備這類的資料呢？ 這些值都是用數值來表示的。我們會針對這些數值進行跨度調整，讓數值全都落在相近的範圍內。

短標籤（Hashtag）

為什麼這很重要？ 使用者會利用一些短標籤，讓某些特定主題相關的貼文，可以集中到相同群組中。這些短標籤代表的就是與貼文相關的主題。舉例來說，帶有「#women_in_tech」這個短標籤的貼文，就表示它的內容應該與技術、女性有關。這樣一來，模型就有可能藉此判斷，只要遇到對技術比較感興趣的人，就給這篇貼文比較高的排名。

如何準備這類的資料呢？ 預處理文字的詳細步驟，在第 4 章「YouTube 影片搜尋」已經說明過了，所以這裡只會把重點放在短標籤資料準備的一些獨特步驟上。

- **Token 化**：像「lifeisgood」或「programmer_lifestyle」這樣的短標籤，其實包含好幾個單詞。我們可以用 Viterbi [7] 這類的演算法，

把這些短標籤 Token 化。舉例來說,「lifeisgood」就可以變成 3 個單詞:「life」「is」「good」。

- **Token 轉 ID**:短標籤在社群媒體平台上發展得非常快,而且會隨著趨勢快速變化。特徵雜湊(feature hashing)技術在這裡還蠻適用的,因為即使遇到沒見過的短標籤,還是可以順利為它指定相應的索引值。

- **向量化**:我們會運用簡單的文字表達方式(例如 TF-IDF [8] 或 word2vec [9]),而不是採用 Transformer 型模型,來把這些短標籤向量化。這裡就來看看為什麼好了。如果資料的前後文非常重要,Transformer 型模型就特別好用。但以短標籤來說,每個短標籤通常都只是一個單詞或片語,而且通常不需要前後文,就能理解短標籤的涵義。因此,比較快速、比較輕量的文字表達方式,就成為我們的首選了。

貼文的年齡

這是什麼呢? 這個特徵就是自從作者發佈貼文以來,已經過了多久的時間。

為什麼這很重要? 使用者通常會更傾向於接觸比較新的內容。

如何準備這類的資料呢? 我們可以把貼文的年齡分為好幾大類,並採用 one-hot 編碼的方式來表示。舉例來說,我們可以把它切成下面這幾大類:

- **0**:小於 1 小時

- **1**:1 ~ 5 小時之間

- **2**:5 ~ 24 小時

- **3**:1 ~ 7 天之間

- **4**:7 ~ 30 天

- **5**:一個月以上

圖 10.5 針對所有的貼文相關特徵做了一番總結。

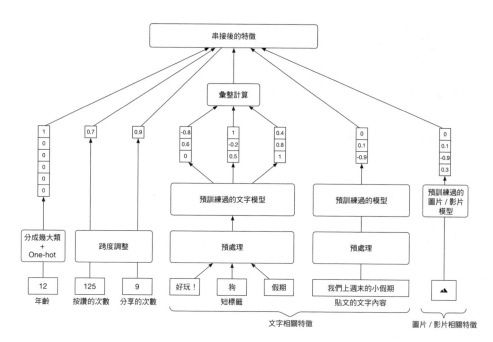

圖 10.5　貼文相關特徵的準備

使用者相關特徵

最重要的一些使用者相關特徵如下：

- 人口統計相關值：年齡、性別、國家等等

- 相關背景資訊：所使用的設備、一整天裡的哪個時段等等

- 使用者與貼文的互動歷史

- 在貼文裡被提及

由於我們在前面的章節已經討論過使用者的人口統計相關值和相關背景資訊，因此這裡只會檢視後面兩個特徵。

使用者與貼文的互動歷史

使用者按過讚的所有貼文，在這裡會用各貼文 ID 所構成的一個列表來表示。分享和留言也是套用相同的邏輯。

為什麼這很重要？使用者之前參與的情況，通常很有助於判斷他們未來的參與程度。

如何準備這類的資料呢？可以根據使用者互動過的每一則貼文，提取出這類的特徵。

在貼文裡被提及

這是什麼呢？這代表的是，這個使用者在貼文裡有沒有被提及。

為什麼這很重要？使用者通常都會更加關注那些有提及他們的貼文。

如何準備這類的資料呢？這個特徵是用一個二元值來表示。如果貼文裡提到了這個使用者，這個特徵就是 1，否則就是 0。

圖 10.6 針對各種使用者相關特徵做了一番總結。

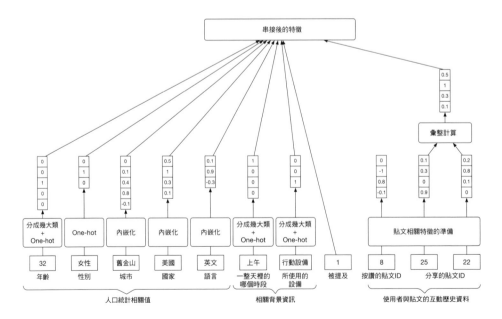

圖 10.6　使用者相關特徵資料的準備

使用者與作者的關係密切程度（affinity）

根據研究，關係密切程度這類的特徵（例如使用者和作者之間的朋友關係），可說是預測使用者在 Facebook 參與度的最重要因素之一 [10]。我們就來設計出一些特徵，擷取出使用者與作者之間的關係密切程度吧。

按讚／點擊／留言／分享的比率

這就是使用者對於作者先前的貼文做出各種反應的比率。舉例來說，0.95 的按讚率就表示這個使用者在 95% 的情況下，都會去給這個作者的貼文按讚。

朋友關係的時間長度

使用者與作者在這個平台上成為好友的天數。只要在朋友關係資料裡，就可以擷取到這個特徵。

為什麼這很重要？ 使用者通常會比較傾向於跟自己的朋友進行更多的互動。

親密的朋友和家人

這是一個二元值，代表使用者和作者是否已經把對方納入自己的親密朋友或是家人的行列中。

為什麼這很重要？ 使用者往往會比較關注親密的朋友和家人的貼文。圖 10.7 針對使用者與作者關係密切程度相關的特徵做了一番總結。

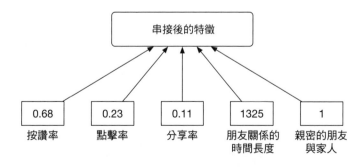

圖 10.7 使用者與作者關係密切程度相關的特徵

模型的開發

模型的選擇

我們在這裡選擇採用神經網路，原因如下：

- 神經網路很適合用來處理非結構化資料（例如文字和圖片）。

- 神經網路可以讓我們用內嵌層來表示類別化特徵。

- 在神經網路的架構下，我們可以直接把特徵工程期間所用到的預訓練模型拿來進行微調。在其他的模型架構下，這是不可能做到的。

在訓練神經網路之前，我們必須先選定所要採用的架構。下面有兩種架構，都可以用來建立、訓練我們的神經網路：

- N 個獨立的 DNN（深度神經網路）

- 一個多任務 DNN

我們就來逐一進行探討吧。

選項 1：N 個獨立的 DNN

這個選項會使用到 N 個各自獨立的深度神經網路（DNN），讓每一種反應各自對應一個 DNN。如圖 10.8 所示。

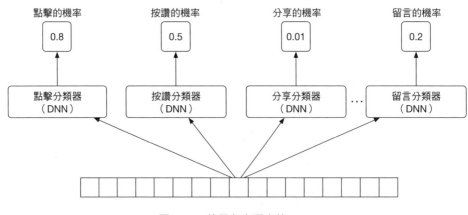

圖 10.8　使用各自獨立的 DNN

這個選項有兩個缺點：

- **訓練的成本很昂貴。**訓練很多個各自獨立的 DNN，需要很大量的運算能力，而且訓練起來非常耗時。

- **一些不太頻繁出現的反應，可能並沒有足夠的訓練資料。**這也就表示，如果是比較少見的反應，系統恐怕就無法準確預測出相應的機率。

選項 2：多任務 DNN

為了克服前面那些問題，我們可以採用多任務學習的做法（如圖 10.9 所示）。

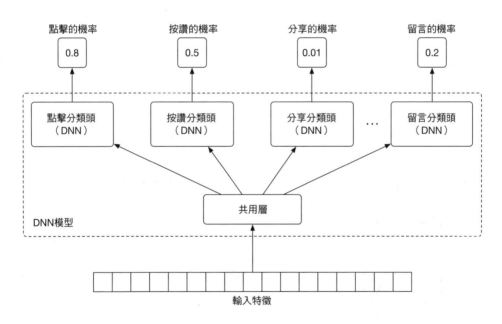

圖 10.9　多任務 DNN

我們在第 5 章「有害內容偵測」解釋過多任務學習的做法，因此這裡只會簡單討論一下。總結來說，所謂多任務學習的做法，指的就是同時學習多種任務的一種程序。這樣可以讓模型學習到不同任務之間的共通性，避免掉一些不必要的計算。對於多任務神經網路模型來說，重要的就是要選擇

311

一個合適的架構。架構的選擇與相關的超參數，通常都是透過實驗的方式來決定。這也就表示，我們必須針對不同的架構進行訓練，並對各種模型進行評估，然後再選出能夠產生最佳結果的模型。

特別針對比較被動的使用者，改進 DNN 的架構

到這裡為止，我們已經可以運用 DNN 架構，預測出使用者做出分享、按讚、點擊和留言等等反應的機率。不過，有許多使用者在使用這個平台時，其實是非常被動的。換句話說，他們並不會與時間軸上的內容進行很多的互動。對於這類使用者來說，如果用目前的 DNN 模型來預測各種反應的機率，只會得到一些非常低的機率值，因為這些使用者確實很少對貼文做出反應。因此，如果想把這些比較被動的使用者列入考慮，我們就必須改變原本的 DNN 架構。

為了做出改進，我們新增了兩個比較間接的反應方式：

- 停留時間（Dwell-Time）：使用者在貼文上所花費的時間。
- 跳過（Skip）：如果使用者在貼文上所花費的時間少於 t 秒（例如 0.5 秒），就可以假設這則貼文其實已經被使用者跳過了。

圖 10.10 顯示的就是多了兩個額外任務的多任務 DNN 模型。

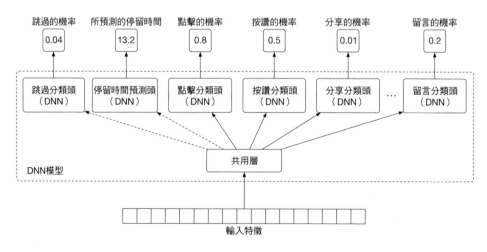

圖 10.10　多了兩個新任務的多任務 DNN 模型

模型的訓練

資料集的建構

在這個步驟中,我們會根據原始資料來建立資料集。由於 DNN 模型需要學習多種任務,因此我們會針對每一種任務(例如點擊、按讚等等),分別建立一些陽性(positive)與陰性(negative)的資料點。

這裡就以「按讚」這類反應為例,稍微解釋一下如何建立陽性 / 陰性資料點。每次使用者對某則貼文按讚時,我們都會在資料集內新增一個資料點,計算出(使用者,貼文)相關的特徵,然後再把它標記為陽性資料點。

如果系統展示了某則貼文,但使用者並沒有做出「按讚」的反應,我們就會把它標記為陰性資料點。請注意,陰性資料點的數量通常會遠高於陽性資料點。為了避免資料集出現失衡的情況,我們會讓陰性資料點與陽性資料點保持相同的數量。圖 10.11 顯示的就是「按讚」反應相應的一些陽性與陰性資料點。

編號	使用者相關特徵						貼文相關特徵					關係密切程度相關特徵					標籤
1	1	0	1	0.8	0.1	1	0	1	1	0.4	0	0.9	0.6	0.3	8	0	陽性
2	0	0	0	0.4	0.9	0	1	1	0	0.3	1	1	0.9	0.8	120	1	陽性
3	1	1	0	0.1	0.5	0	0	1	0	0.9	1	0.1	0	0	2	0	陰性

圖 10.11　按讚分類任務的訓練資料

其他反應也可以運用相同的程序,來建立一些陽性與陰性的標籤。不過,由於停留時間屬於迴歸型任務,因此這個部分會特別用不同的方式來建構資料。如圖 10.12 所示,停留時間所採用的標記方式,其實是展示貼文之後使用者的停留時間。

編號	使用者相關特徵		貼文相關特徵		關係密切程度相關特徵		停留時間
1	0　0　0　0.1　0.9　1		1　1　0　0.1　1		0.6　0.6　0.3　0.2　5　0		8.1
2	1　1　1　0.9　0.1　0		1　1　0　0.8　0		0.1　0.9　0.3　0.1　3　1		11.5

圖 10.12　停留時間任務相應的訓練資料

挑選損失函數

多任務模型的訓練目標，就是要同時學習多種不同的任務。這也就表示，我們必須分別計算每個任務的損失，然後再組合起來計算出整體的損失。通常我們會先根據任務所屬的 ML 類別，針對每一個任務定義相應的損失函數。在這裡的例子中，我們會針對每一個二元分類任務，採用二元交叉熵損失函數，而迴歸型任務（停留時間預測）則是使用迴歸損失函數（例如 MAE 平均絕對誤差 [11]、MSE 均方差 [12] 或是 Huber 損失函數 [13]）。至於整體的損失，則是結合各個任務的損失值計算出來的（如圖 10.13 所示）。

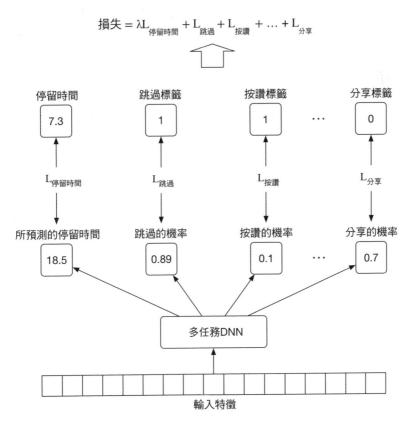

$$損失 = \lambda L_{停留時間} + L_{跳過} + L_{按讚} + ... + L_{分享}$$

圖 10.13 訓練的工作流程

進行評估

離線指標

在離線評估期間，我們會去衡量模型在面對不同的使用者反應時，各自的預測表現。如果只想針對單一反應類型的表現進行評估，可以考慮採用二元分類指標（例如精確率和召回率）。不過，光靠這樣的指標恐怕還不足以理解二元分類模型真正的整體表現。因此，我們還會運用 ROC（接收器操作特徵）曲線，來理解真陽性率（true positive rate）和假陽性率

（false positive rate）之間權衡取捨的狀況。此外，我們也會去計算 ROC 曲線下面積（ROC-AUC），用這個數值來總結二元分類模型的表現。

線上指標

我們會使用下面這幾個指標，嘗試從各種不同角度來衡量使用者的參與度：

- 點擊率（CTR）
- 反應率
- 所花費的總時間
- 使用者調查（user survey）所呈現出來的使用者滿意度

點擊率。貼文被點擊的數量，與所展示的貼文數量，兩者之間的比率。

$$點擊率 = \frac{貼文被點擊的數量}{所展示的貼文數量}$$

比較高的點擊率，並不一定代表使用者有比較高的參與度。舉例來說，使用者也有可能去點擊一些沒什麼價值的點擊誘餌類貼文，然後很快就意識到那其實是不值得去閱讀的內容。儘管有這樣的限制，不過它依然是個很需要持續追蹤的重要指標。

反應率。這其實是一整組的指標，可用來反映出使用者的各種反應情況。舉例來說，「按讚率」衡量的是使用者動態訊息裡所展示的全部貼文，其中使用者有按讚的貼文比率。

$$按讚率 = \frac{按讚的數量}{所展示的貼文數量}$$

我們也可以用同樣的方式去追蹤其他的反應，例如「分享率」、「留言率」、「隱藏率」、「封鎖率」和「跳過率」。這些全都是比點擊率更強烈的訊號，因為使用者確實明確表達了自己的偏好。

到目前為止我們所討論過的指標，全都是以使用者的反應為基礎。但是，如果是比較被動的使用者呢？這類的使用者往往對於大多數的貼文，完全沒有做出任何的反應。個人動態訊息系統為了有效擷取出這種被動使用者的習性，特別額外添加了下面兩個指標。

- **所花費的總時間**。這個指標就是在一段固定的時段內（例如 1 週），使用者花費在時間軸上的總時間。這個指標可以用來作為被動與主動使用者整體參與度的一種衡量方式。

- **使用者調查所呈現出來的使用者滿意度**。衡量個人動態訊息系統有效性的另一種方法，就是明確去詢問使用者對於動態訊息的看法，或是直接詢問他們對於貼文有多麼感興趣。由於我們主動直接去詢問使用者的回饋意見，因此這算是一種衡量系統有效性相當準確的做法。

提供服務

在提供服務時，系統會輸出一份排名過的貼文列表，來回應服務的請求。這個個人動態訊息系統的架構，如圖 10.14 所示。整個系統包含下面這幾個管道：

- 資料準備的管道

- 預測的管道

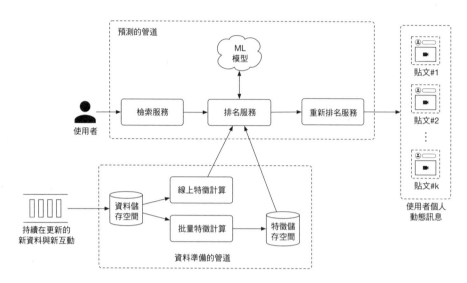

圖 10.14　個人動態訊息系統的 ML 系統設計圖

我們並不打算詳細介紹資料準備的管道，因為這部分很類似第 8 章「社群平台的廣告點擊預測」說明過的內容。這裡就來檢視一下預測的管道吧。

預測的管道

預測的管道是由下面這幾個組件所組成：檢索服務、排名服務、重新排名服務。

檢索服務

這個組件會把使用者沒看過的一些貼文擷取出來，也會把一些有留言沒看過的貼文擷取出來。如果想瞭解更多「有效擷取出沒看過的貼文」相關的資訊，請參閱 [14]。

排名服務

這個組件會針對前面所檢索出來的貼文，計算出相應的參與度分數，然後再對貼文進行排名。

重新排名服務

這個服務會整合使用者所提供的一些額外篩選條件與邏輯，來對貼文列表進行調整。舉例來說，如果使用者明確表達出自己對於某個主題（例如足球）的興趣，這個服務就會針對這類的貼文，給予更高的排名。

其他討論要點

如果面試結束之後還有一些時間，下面就是一些可以額外進行討論的要點：

- 如何處理病毒式傳播的貼文 [15]？

- 如果是新的使用者，如何為他建立個人化的動態訊息 [16]？

- 系統如果存在立場上的特定偏向，該如何緩解這樣的問題 [17]？

- 如何判斷重新訓練的頻率，應該多頻繁才是比較合適的做法 [18]？

總結

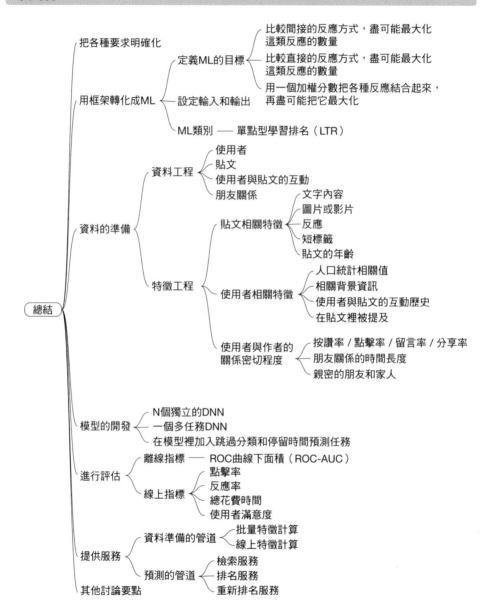

總結 ─

把各種要求明確化

用框架轉化成ML
- 定義ML的目標
  - 比較間接的反應方式，盡可能最大化這類反應的數量
  - 比較直接的反應方式，盡可能最大化這類反應的數量
  - 用一個加權分數把各種反應結合起來，再盡可能把它最大化
- 設定輸入和輸出
- ML類別 ── 單點型學習排名（LTR）

資料的準備
- 資料工程
  - 使用者
  - 貼文
  - 使用者與貼文的互動
  - 朋友關係
- 特徵工程
  - 貼文相關特徵
    - 文字內容
    - 圖片或影片
    - 反應
    - 短標籤
    - 貼文的年齡
  - 使用者相關特徵
    - 人口統計相關值
    - 相關背景資訊
    - 使用者與貼文的互動歷史
    - 在貼文裡被提及
  - 使用者與作者的關係密切程度
    - 按讚率 / 點擊率 / 留言率 / 分享率
    - 朋友關係的時間長度
    - 親密的朋友和家人

模型的開發
- N個獨立的DNN
- 一個多任務DNN
- 在模型裡加入跳過分類和停留時間預測任務

進行評估
- 離線指標 ── ROC曲線下面積（ROC-AUC）
- 線上指標
  - 點擊率
  - 反應率
  - 總花費時間
  - 使用者滿意度

提供服務
- 資料準備的管道
  - 批量特徵計算
  - 線上特徵計算
- 預測的管道
  - 檢索服務
  - 排名服務
  - 重新排名服務

其他討論要點

參考資料

[1]   臉書的動態訊息排名。https://engineering.fb.com/2021/01/26/ml-applications/news-feed-ranking/。

[2]   推特的動態訊息系統。https://blog.twitter.com/engineering/en_us/topics/insights/2017/using-deep-learning-at-scale-in-twitters-timelines。

[3]   LinkedIn 的動態訊息系統。https://engineering.linkedin.com/blog/2020/understanding-feed-dwell-time。

[4]   BERT 的論文。https://arxiv.org/pdf/1810.04805.pdf。

[5]   ResNet 模型。https://arxiv.org/pdf/1512.03385.pdf。

[6]   CLIP 模型。https://openai.com/blog/clip/。

[7]   Viterbi 演算法。https://en.wikipedia.org/wiki/Viterbi_algorithm。

[8]   TF-IDF（術語頻率逆文件頻率）。https://en.wikipedia.org/wiki/Tf%E2%80%93idf。

[9]   Word2vec。https://en.wikipedia.org/wiki/Word2vec。

[10] 提供一個能夠服務十億人的個人動態訊息服務。https://www.youtube.com/watch?v=Xpx5RYNTQvg。

[11] 平均絕對誤差損失函數。https://en.wikipedia.org/wiki/Mean_absolute_error。

[12] 均方差損失函數。https://en.wikipedia.org/wiki/Mean_squared_error。

[13] Huber 損失函數。https://en.wikipedia.org/wiki/Huber_loss。

[14] 一個動態訊息系統設計。https://liuzhenglaichn.gitbook.io/system-design/news-feed/design-a-news-feed-system。

[15] 預測出病毒式傳播的推文。https://towardsdatascience.com/using-data-science-to-predict-viral-tweets-615b0acc2e1e。

[16] 推薦系統的冷啟動問題。https://en.wikipedia.org/wiki/Cold_start_(recommender_systems)。

[17] 立場上的特定偏向。https://eugeneyan.com/writing/position-bias/。

[18] 重新訓練頻率的判斷。https://huyenchip.com/2022/01/02/real-time-machine-learning-challenges-and-solutions.html#towards-continual-learning。

你或許認識的朋友

簡介

你或許認識的朋友（PYMK；People You May Know），意思就是你希望能根據一些共同點（例如共同的朋友、同一所學校或相同的工作場所），讓彼此有機會建立朋友關係的使用者列表。許多的社群網站（例如 Facebook、LinkedIn 和 Twitter）都是運用 ML 來支援 PYMK 的功能。

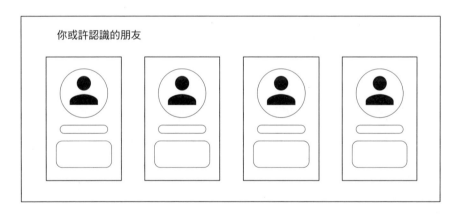

圖 11.1　你或許認識的朋友（PYMK）功能

我們會在本章設計出一個很類似 LinkedIn 的 PYMK 功能。這個系統會把使用者當成輸入，然後輸出一份可能推薦人選的列表。

把各種要求明確化

以下就是應試者和面試官之間很典型的一段互動過程。

應試者：我能否假設，建立 PYMK 功能的動機，就是協助使用者找出可能有關係的人，讓大家能進一步拓展人際網路？

面試官：是的，這是個很好的假設。

應試者：如果要推薦一些可能有關係的人，就必須考慮大量的因素，例如所在地點、教育背景、工作經歷、現有的人際關係、先前的活動等等。我是否應該把重點聚焦在其中最重要的一些因素呢（例如使用者的教育背景、工作經歷、其他社交背景關係）？

面試官：聽起來是很不錯的想法。

應試者：在 LinkedIn 的定義裡，唯有雙方都認定是彼此的朋友，這兩人才算是具有真正的朋友關係。這樣是對的嗎？

面試官：是的，朋友關係是雙向的。如果某人向另一個使用者請求建立朋友關係，一定要等收到請求的人接受這個請求，雙方才能建立真正的朋友關係。

應試者：這個平台有多少使用者呢？其中有多少是每天都很活躍的使用者？

面試官：我們有將近 10 億個使用者，其中有 3 億是每天都很活躍的使用者。

應試者：平均每個使用者會有幾段朋友關係？

面試官：1,000 段朋友關係。

應試者：大多數使用者的社交圖譜（social graph）都不會頻繁地變動，這也就表示，每個人的朋友關係在短時間內並不會出現很顯著的變化。在設計 PYMK 時，我可以做出這樣的假設嗎？

面試官：這是個很不錯的觀點。沒問題，這是個合理的假設。

這裡就來總結一下問題的陳述吧。我們被要求設計出一個類似 LinkedIn 的 PYMK 系統。這個系統會把使用者當成輸入，並輸出一份排序過、可能與使用者有關係的推薦人選列表。建構出這個系統的動機，就是讓使用者能夠更輕鬆發現新的朋友關係，進而拓展自己的人際網路。這個平台總共有 10 億個使用者，平均每個使用者有 1000 段朋友關係。

用框架把問題轉化成 ML 任務

定義 ML 的目標

PYMK 系統常見的一個 ML 目標，就是盡可能最大化使用者之間建立朋友關係的數量。這樣可以協助使用者快速發展自己的人際網路。

設定系統的輸入和輸出

PYMK 系統的輸入是使用者，輸出則是一份推薦人選列表，其中每個人選都是按照他們與使用者的相關性來進行排序。具體的情況如圖 11.2 所示。

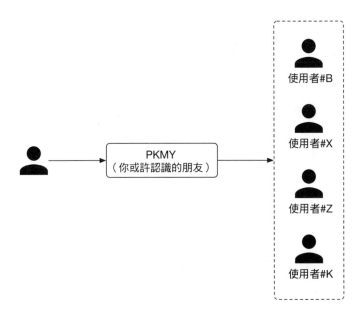

圖 11.2 PYMK 系統的輸入 / 輸出

選擇正確的 ML 類別

我們來研究一下建構 PYMK 系統時常用的兩種做法：單點型 LTR（學習排名）以及連線預測（edge prediction）。

單點型 LTR（學習排名）

在這種做法下，我們會用框架把 PYMK 轉化成排名問題，然後再用單點型 LTR 來對使用者進行排名。單點型 LTR 的做法如圖 11.3 所示，我們可以採用一個二元分類模型，把兩個使用者當成輸入，然後輸出這兩個人建立朋友關係的機率。

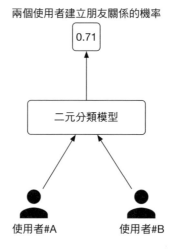

圖 11.3　以兩個使用者作為輸入的二元分類模型

不過，這樣的做法有一個主要的缺點：由於模型的輸入是兩個不同的使用者，因此這種做法並沒有考慮到其他可運用的社交背景關係。雖然這確實可以簡化問題，但忽略使用者其他人際關係的做法，很可能會讓預測變得不太準確。

我們來分析一個範例，瞭解一下其他社交背景關係所提供的資訊有多麼重要。假設我們想要預測出（使用者 #A，使用者 #B）是否有可能建立朋友關係。

圖 11.4　使用者 #A 與使用者 #B 有可能建立朋友關係嗎？

只要觀察他們相隔一層的其他朋友（使用者 A 或使用者 B 直接認識的朋友），就可以獲得很多的資訊，可用來判斷（使用者 #A，使用者 #B）是不是可能有朋友關係。如圖 11.5 所示，我們可以考慮兩種不同的情境。

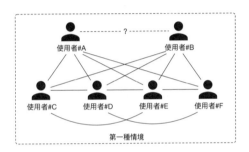
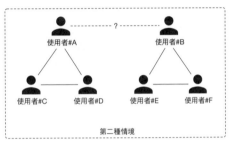

圖 11.5　只隔一層的朋友，兩種不同的情境

在第一種情境中，使用者 #A 和使用者 #B 各有 4 段交錯的朋友關係，而使用者 C、D、E、F 之間，也有一些交錯的朋友關係。

在第二種情境中，使用者 #A 和使用者 #B 各有兩個朋友，但使用者 #A 和使用者 #B 的朋友關係並沒有任何的關聯。

只要觀察他們這些只隔一層的朋友關係，或許你就可以預期，在第一種情境下（使用者 A，使用者 B）比較有可能建立朋友關係，而第二種情境應該就不是如此了。在實務上，我們甚至會運用相隔兩層、甚至相隔三層的朋友關係，從社交背景關係裡擷取出更多有用的資訊。

在討論第二種做法之前，我們先來瞭解一下如何運用圖譜（graph）保存結構化資料（例如社交背景關係），還有我們可以針對圖譜執行哪些機器學習任務。

一般來說，圖譜可以用來呈現一大堆實體（節點；node）之間的關係（連線；edge）。我們可以用一個圖譜來表示所有人的社交背景關係，其中每一個節點就代表一個使用者，至於兩個節點之間的連線，則表示兩個使用者之間建立了朋友關係。圖 11.6 顯示的就是包含四個節點、三條連線的一個簡單圖譜。

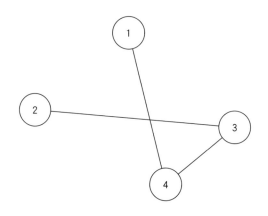

圖 11.6　一個簡單的圖譜

針對這種以圖譜來呈現的結構化資料，如果想對它執行預測任務，大概可分成三種常見的類型：

- **圖譜級預測**。舉例來說，假設給定了某個化學化合物的圖譜，我們就可以預測出這個化合物是不是一種酶（enzyme）。

- **節點級預測**。舉例來說，假設給定了某個社群網路圖譜，我們就可以預測出某個特定的使用者（節點）是不是發送垃圾郵件的人。

- **連線級預測**。預測出兩個節點之間是否存在連線。舉例來說，假設給定某個社群網路圖譜，我們就可以預測出兩個使用者有沒有可能建立朋友關係。

接著就來看看，如何運用連線預測的做法來建立 PYMK 系統。

連線預測（Edge Prediction）

在這種做法下，我們可以利用圖譜來作為模型的補充資訊。這樣一來，模型就可以靠著社交圖譜所提取出來的額外資訊，預測出兩個節點之間有沒有連線。

如果用更正式的說法，就是我們採用了一個模型，把整個社交圖譜當成輸入，然後預測出兩個特定節點之間存在連線的機率。為了對所有與使用者 #A 可能有關係的人進行排名，我們會去計算出使用者 #A 與其他使用者之間存在連線的機率，然後再用這些機率來作為排名的依據。

這個模型除了會用到之前提過的那些典型特徵之外，還會從社交圖譜裡提取出一些額外的資訊，藉此來預測出兩個節點之間是否存在連線。

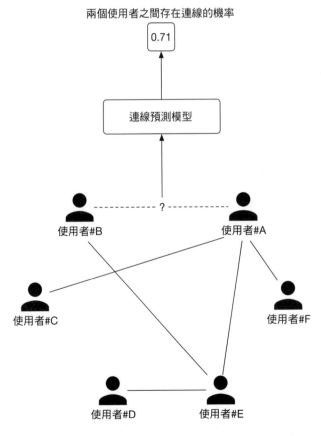

圖 11.7　以圖譜作為輸入，進行二元分類

資料的準備

資料工程

我們會在本節討論一些可運用的原始資料：

- 使用者

- 朋友關係

- 互動資料

使用者

我們除了有使用者的人口統計相關資料以外，還有一些關於使用者教育程度、工作背景、技能等等的資訊。表 11.1 顯示的就是使用者教育背景相關資料的一些例子。另外或許還有一些類似的表格，分別儲存著使用者的工作經歷、技能等等之類的資訊。

表 11.1　使用者的教育背景資料

使用者 ID	就讀學校	學位	主修	開始日期	結束日期
11	滑鐵盧大學	碩士	資訊科學	2015 年 8 月	2017 年 5 月
11	哈佛大學	碩士	物理	2004 年 5 月	2006 年 8 月
11	加州大學洛杉磯分校	學士	電機工程	2022 年 9 月	-

這類原始資料所面臨的一個挑戰，就是其中某些屬性的值，有可能會採用不同的形式來表示。舉例來說，「電腦科學」（Computer Science）和「CS」具有相同的涵義，但使用的卻是不同的文字。因此，在進行資料工程的步驟裡，我們必須先把原始資料轉成標準化的形式。這是一件非常重要的工作，因為這樣我們才能用統一的方式，去處理不同形式的單一屬性值。

把原始資料轉成標準化的形式，有很多種不同的做法。例如：

- 強迫使用者必須從預先定義好的列表中，選出所要的屬性值。

- 用嘗試錯誤的做法,把屬性的不同表達方式,設法歸類到相同的組別中。

- 運用 ML 型的做法(例如集群演算法 [1]),或是善用語言模型,把相似的屬性設法歸類到相同的組別中。

朋友關係

表 11.2 顯示的就是朋友關係資料的一些簡化過的範例。每一橫行所代表的就是兩個使用者之間的朋友關係,以及建立朋友關係的時間。

表 11.2　朋友關係資料

第一個使用者 ID	第二個使用者 ID	建立朋友關係的時間戳
28	3	1658451341
7	39	1659281720
11	25	1659312942

互動資料

互動資料有好幾種不同的類型:某個使用者請求建立朋友關係、接受請求、追蹤另一個使用者、搜尋某個使用者、查看個人資料、給貼文按讚、或是對貼文做出其他反應等等。請注意,在實務上,我們可能會把互動資料儲存在不同的資料庫中,但為了簡單起見,這裡會把所有資料全都放在同一個資料表中。

表 11.3　互動資料

使用者 ID	互動類型	互動內容	時間戳
11	請求建立朋友關係	user_id_8	1658450539
8	接受朋友關係的請求	user_id_11	1658451341
11	留言	[user_id_4,非常有洞見]	1658451365
4	搜尋	「Scott Belsky」	1658435948
11	查看個人資料	user_id_21	1658451849

特徵工程

為了判斷出哪些人是與使用者 #A 可能有關係的人，模型會用到一些使用者 #A 相關的資訊（例如年齡、性別等等）。此外，使用者 #A 與其他使用者之間的關係密切程度，也是很有用的資訊。接著我們會討論其中一些最重要的特徵。

使用者相關特徵

人口統計相關值：年齡、性別、所在城市、國家等等。

人口統計相關資料可協助我們判斷兩個使用者有沒有可能建立朋友關係。如果不同使用者具有類似的人口統計相關特徵，他們往往更有可能建立朋友關係。

人口統計相關資料經常會出現某些值有所遺漏的情況。如果想瞭解如何處理這種遺漏值的情況，更多相關訊息請參閱第 1 章「簡介與概述」的內容。

朋友關係的數量、追蹤者的數量、關注的數量，以及朋友關係請求待處理的數量

這些資訊都很重要，因為相較於朋友很少的人，一般使用者更有可能去找朋友很多、或是擁有大量追蹤者的人建立朋友關係。

帳號的年齡

最近剛建立的帳號，可靠性往往不如那種存在時間比較長的帳號。舉例來說，如果某個帳號是昨天才剛創建的，它蠻有可能就只是個灌水用的帳號而已。因此，向使用者推薦這樣的帳號，或許就不是個好主意。

收到各種反應的數量

像這樣的數值，指的就是在特定一段時間內（例如一週）收到各種反應（例如按讚、分享和留言）的總數量。使用者往往比較喜歡和比較活躍的使用者建立朋友關係，因為這樣比較容易得到更多的互動。

使用者與使用者之間的關係密切程度

兩個使用者之間的關係密切程度，也是預測他們會不會建立朋友關係的一種良好訊號。我們就來看一些能夠擷取出使用者之間關係密切程度的重要特徵吧。

教育上與工作上關係密切的程度

- **同一所學校：**使用者往往比較傾向於和同一所學校的人建立朋友關係。

- **同時期在校的同輩：**如果兩人在校的時間有重疊，往往會增加兩人建立朋友關係的可能性。舉例來說，有些使用者或許會蠻想與自己同屆的人建立朋友關係。

- **相同的專業：**這是一個二元特徵值，代表的是兩個使用者在學校是不是主修相同的科系。

- **同一家公司的數量：**使用者或許會想與曾在同一家公司工作過的人建立朋友關係。

- **相同的產業：**這是一個二元特徵值，代表的是兩個使用者是不是都在同一個產業裡工作。

社群關係密切程度

- **查看個人資料：**使用者查看另一個使用者個人資料的次數。

- **共同朋友的數量，也有人說是朋友交叉的數量：**如果兩個使用者有很多共同的朋友，這兩個人往往更有可能建立朋友關係。這個特徵可以說是相當具有預測效果的其中一個重要特徵 [2]。

- **效果隨時間遞減的共同朋友關係：**這個特徵會根據共同朋友關係存在的時間長度，來決定共同朋友關係的重要性。下面就用一個例子來理解一下這個特徵背後的想法吧。

假設我們想要判斷使用者 #B 是不是與使用者 #A 可能有關係的人。我們可以考慮以下兩種情境：在第一種情境中，使用者 #A 的朋友關係是最近才建立起來的；在第二種情境中，朋友關係是很久之前就建立起來的。具體的情況，如圖 11.8 所示。

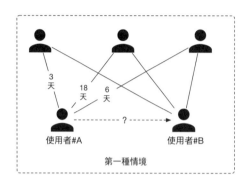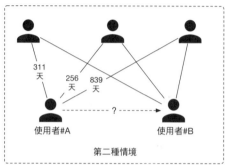

圖 11.8　最近才剛建立的朋友關係，以及很久前就建立起來的朋友關係

在第一種情境中，使用者 #A 最近才剛開始拓展人際網路。這也就表示，使用者 #A 蠻有可能想和使用者 #B 建立朋友關係。但是在第二種情境中，使用者 #A 很可能早就知道使用者 #B 的存在，不過他已經決定不去建立朋友關係了。

模型的開發

模型的選擇

之前我們曾說過可以把 PYMK 問題視為一種連線預測的任務，模型可以把社交圖譜當成輸入，然後再預測出兩個使用者之間存在連線的機率。為了能夠處理連線預測的任務，我們選擇了一個可以把圖譜當成輸入的模型。圖譜神經網路（GNN；Graph Neural Networks）設計的目的，就是用來針對圖譜資料進行各種操作。我們就來仔細看一下吧。

GNN

GNN 是一種可以直接應用於圖譜的神經網路。無論執行的是圖譜級、節點級或連線級的預測任務,它都能提供相當簡單的做法。

如圖 11.9 所示,GNN 就是用圖譜來作為其輸入。這個輸入的圖譜其中包含了各種與節點、連線相關的屬性。舉例來說,節點裡可能儲存了年齡、性別等等的資訊,而連線的部分則可能保存著使用者與使用者之間相關的特徵,例如讀過同一所學校、待過同一家公司的數量、建立朋友關係的時間長度等等。只要給定輸入的圖譜和相關的屬性,GNN 就可以針對每一個節點,生成相應的節點內嵌。

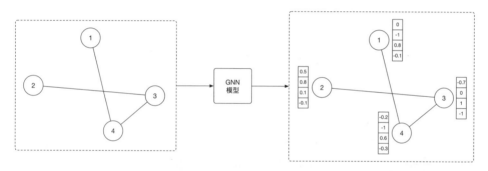

圖 11.9 GNN 模型可以針對圖譜中的每一個節點,生成相應的節點內嵌

節點內嵌生成之後,就可以利用一些衡量相似度的方式(例如點積),來預測兩個節點建立朋友關係的可能性。舉例來說,如圖 11.10 所示,我們可以計算節點 #2 和節點 #4 這兩個內嵌的點積,來預測這兩個節點之間是否存在連線。

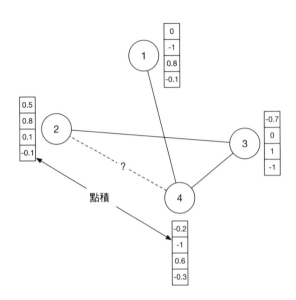

圖 11.10　預測節點 #2 與節點 #4 之間，存在連線的可能性有多大

近年來各界開發了許多 GNN 型的架構，例如 GCN [3]、GraphSAGE [4]、GAT [5] 和 GIT [6]。這些變體各自具有不同的架構，複雜程度也各不相同。如果想判斷哪一種架構的效果最好，就需要進行大量的實驗。各位如果想要更深入瞭解 GNN 型的架構，請參閱 [7]。

模型的訓練

為了對 GNN 模型進行訓練，我們會在 t 這個時間點為社交圖譜建立一份快照，然後再把它送入模型中。然後這個模型所要預測的就是 $t + 1$ 這個時間點所建立起來的朋友關係。我們接著就來研究一下，如何建立這樣的訓練資料。

資料集的建構

為了建立所需的資料集，我們會去做下面這幾件事情：

1. 在 t 這個時間點建立一份圖譜的快照（snapshot）

2. 計算出圖譜的初始節點特徵和初始連線特徵

3. 建立一些標籤

1. 在 t 這個時間點建立一份圖譜的快照。 建立訓練資料的第一步，就是建立模型的輸入資料。由於 GNN 模型需要用社交圖譜作為輸入，因此我們會利用手上的原始資料，在 t 這個時間點建立一份社交圖譜快照。圖 11.11 顯示的就是 t 這個時間點所建立的圖譜快照範例。

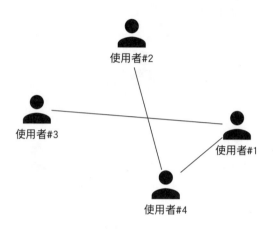

圖 11.11　社交圖譜在 t 這個時間點的一份快照

2. 計算出圖譜的初始節點特徵和初始連線特徵。 如圖 11.12 所示，我們會提取出使用者的一些特徵，例如年齡、性別、帳號的年齡、朋友關係的數量等等。這些全都會被用來作為各個節點的初始特徵向量。

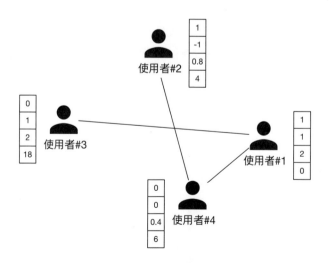

圖 11.12　初始節點特徵

同樣的，我們也會提取出一些能夠代表使用者之間關係密切程度的特徵，然後把這些特徵用來作為各個連線的初始特徵向量。如圖 11.13 所示，使用者 #2 和使用者 #4 之間存在一條連線。$E_{2,4}$ 就是相應的初始特徵向量，它會去擷取出一些像是朋友關係的數量、查看個人資料的次數、在同一所學校重疊的時間等等的資訊。

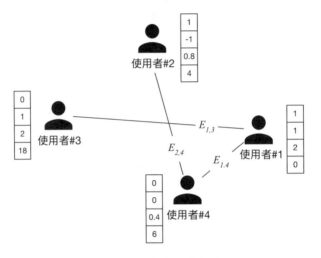

圖 11.13　初始連線特徵

3. 建立一些標籤

在這個步驟裡，我們會建立一些「模型應該要預測出來」的標籤。我們可以利用 $t + 1$ 這個時間點的圖譜快照，判斷標籤應該是陽性還是陰性。下面就來看個具體的例子好了。

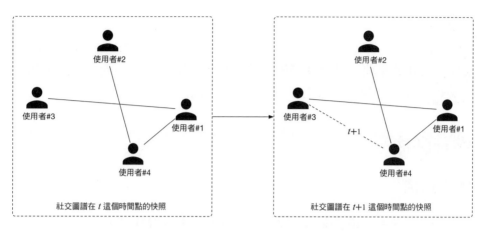

圖 11.14：時間點從 t 到 $t + 1$，多了一條新建立的連線

如圖 11.14 所示，我們可以根據 $t + 1$ 這個時間點有沒有建立新的連線，來決定所建立的標籤應該是陽性還是陰性。具體來說，若兩個節點在 $t + 1$ 這個時間點建立了朋友關係，我們就會把它標記為陽性。否則的話，就標記為陰性的標籤。

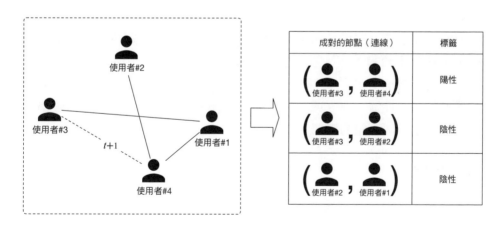

圖 11.15 建立一些陽性和陰性的標籤

挑選損失函數

輸入的圖譜和標籤建立好之後,我們就可以來訓練 GNN 模型了。關於 GNN 的訓練原理,以及應該使用哪些損失函數,這些詳細的說明已超出本書的範圍。如果想瞭解更多關於這方面的訊息,請參閱 [7]。

進行評估

離線指標

在離線評估階段,我們會分別評估 GNN 模型和 PYMK 系統的表現。

GNN 模型

由於 GNN 模型預測的是連線是否存在,因此我們可以把它視為一個二元分類模型。我們可以運用 ROC-AUC(ROC 曲線下面積)這個指標,來衡量 GNN 模型的表現。

PYMK 系統

之前的章節已經針對排名與推薦系統,廣泛討論過如何選擇正確的離線指標,這裡就不再贅述了。在我們的系統中,使用者看到所推薦的人選之後,有可能會去建立朋友關係,也有可能根本不理會系統的推薦。由於有這樣的二元性質(建立或不建立朋友關係),因此 mAP(平均精確率均值)應該是一個不錯的選擇。

線上指標

在實務上,一般公司都會去追蹤大量的線上指標,以衡量 PYMK 系統的影響。我們就來探討其中兩個最重要的指標:

- 過去 X 天內請求建立朋友關係的總數量
- 過去 X 天內接受朋友關係請求的總數量

過去 X 天內請求建立朋友關係的總數量。 這個指標可以協助我們瞭解，我們的模型究竟是提高、還是降低了大家請求建立朋友關係的數量。舉例來說，如果有個模型讓使用者請求建立朋友關係的總數量增加了 5%，我們就可以假設這個模型對於我們的商業目標確實有正面的影響。

不過，這個指標有一個主要的缺點。唯有當收到請求的人確實接受了建立朋友關係的請求，這兩個使用者之間才會真正建立新的朋友關係。舉個例子來說，使用者或許發出了 1,000 個建立朋友關係的請求，但接受請求的人卻只佔其中的一小部分。這個指標或許無法正確反映出使用者拓展人際網路的實際狀況。因此，我們可以用下一個指標來解決這個缺點。

過去 X 天內接受朋友關係請求的總數量。 唯有收到請求的人確實接受了請求，才能夠建立新的朋友關係，因此這個指標可以準確反映出使用者拓展人際網路的真實情況。

提供服務

在提供服務時，PYMK 系統應該以很有效率的方式，針對給定使用者提供一份可能的推薦人選列表。我們會在本節說明，為什麼需要在速度上進行最佳化調整，並介紹一些能讓 PYMK 更有效率的技術。然後我們會提出一個設計，讓不同的組件協同工作，為請求提供服務。

效率的考量

之前在收集系統需求一節曾提到，這個平台的使用者總數量為 10 億，這也就表示，我們必須針對 10 億個內嵌進行排序，才能夠針對單一個使用者，找出可能與他有關係的人。讓整件事情更困難的是，我們還必須針對每一個使用者執行這個演算法。說來也沒什麼好奇怪，這對我們來說確實是很不切實際的做法。為了緩解這個問題，我們使用了兩個常見的技術：1）利用朋友的朋友（FoF；Friends Of Friends）；2）預先計算 PYMK。

利用朋友的朋友

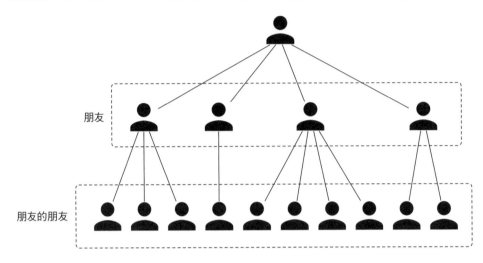

圖 11.16　使用者的 FoF（朋友的朋友）

根據 Meta 的研究 [2]，新的朋友關係其中有 92%，都是透過朋友的朋友而建立起來的。這個技術其實就是利用使用者朋友的朋友，來縮小搜尋的範圍。

之前曾經提到過，每一個使用者平均都有 1000 個朋友。這也就表示，每個使用者平均擁有 100 萬個（1000 × 1000）「朋友的朋友」。因此，我們的搜尋範圍就可以從 10 億縮減到 100 萬了。

預先計算 PYMK

我們也可以退一步考慮一下，應該採用線上預測、還是採用批量預測的做法。

線上預測

以 PYMK 系統來說，線上預測指的就是在使用者載入首頁時，以即時方式計算出與使用者可能有關係的人。在這樣的做法下，如果是不活躍的使用者，我們就不用去建立他的推薦人選名單了。不過，由於推薦人選名單

必須以「即時」的方式進行計算，如果計算過程需要很長的時間，使用者的體驗一定很糟糕。

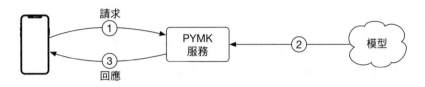

圖 11.17　線上預測型 PYMK 系統

批量預測

批量預測的意思就是，系統會預先計算出所有使用者可能有關係的人，然後把結果儲存在資料庫中。當使用者載入首頁時，我們就可以直接取出預先計算好的推薦名單，這樣一來從最終使用者的角度來看，推薦就好像是即時完成的。批量預測的缺點是，我們可能會進行一些不必要的計算。各位可以想像一下，假設只有 20% 的使用者每天都會登入系統。如果我們每天都要針對每個使用者生成新的推薦名單，所用到的運算能力其實有80% 是被浪費掉的。

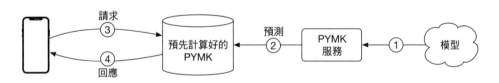

圖 11.18　批量預測型 PYMK 系統

我們該選擇哪個選項：線上預測？批量預測？

我們比較推薦採用批量預測的做法，理由有兩個。第一，根據此系統的需求，每天都很活躍的使用者有 3 億人。如果每天都要以即時的方式，為 3 億使用者計算出相應的 PYMK，整個系統一定會被拖得很慢，使用者體驗肯定很糟糕。

第二，由於 PYMK 系統裡的社交圖譜並不會快速變化，因此預先計算好的推薦名單，應該可以在一段比較長的時間內，持續保有一定的相關性。舉例來說，我們可以把 PYMK 推薦名單保留 7 天的時間，然後再重新進行計算。我們也可以針對新的使用者，稍微縮短這個時間的長度（例如縮為一天），因為新使用者的人際網路往往會拓展得比較快。

在社群網路中，使用者應該不希望重複看到同一組推薦名單。為了支援這方面的考量，我們預先計算好的推薦人選數量可以比實際需要的還多，然後只把之前沒推薦過的人推薦給使用者就行了。

ML 系統設計

圖 11.19 顯示的就是 PYMK ML 系統設計圖。這個設計包含了兩個管道：

- 生成 PYMK 的管道
- 預測的管道

我們就來逐一檢視一下吧。

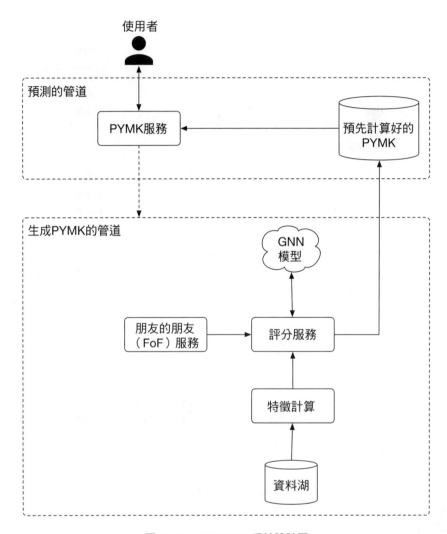

圖 11.19　PYMK ML 系統設計圖

生成 PYMK 的管道

這個管道負責針對所有的使用者，生成相應的 PYMK，然後把結果儲存在
資料庫中。我們就來仔細看看這個管道吧。

首先，FoF 服務會針對特定的使用者，把朋友關係範圍縮減為所有朋友關
係的一個子集合（只取相隔 2 層以內的朋友）。具體情況如圖 11.20 所示。

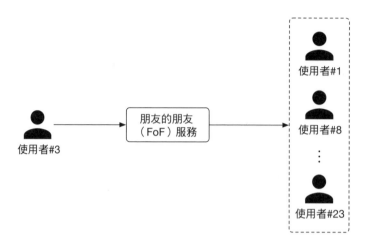

圖 11.20　朋友的朋友 FoF 服務的輸入 / 輸出

評分服務取得 FoF 服務所生成的朋友關係列表之後，就會用 GNN 模型來對每一段朋友關係進行評分，然後再生成一份排名過的 PYMK 列表。這份 PYMK 列表會被儲存在資料庫裡。當使用者發出請求時，我們就可以直接從資料庫提取出相應的 PYMK 列表。整個流程如圖 11.21 所示。

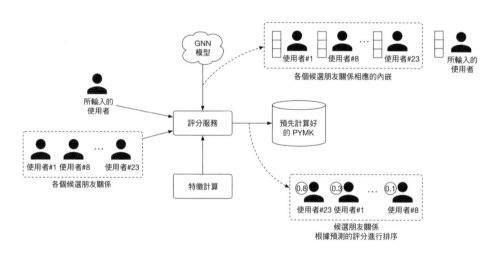

圖 11.21　評分服務的輸入 / 輸出

預測的管道

PYMK 服務收到請求時,會先查看預先計算好的 PYMK,看看有沒有已存在的推薦名單。如果有的話,就會直接取出這份推薦名單。如果沒有,它就會向生成 PYMK 的管道發出一次性的請求。

請注意,這裡所提出的是一個簡化過的系統。如果你在面試過程中被要求進行最佳化調整,以下還有一些可進一步討論的要點:

- 只針對活躍的使用者,預先計算相應的 PYMK。

- 用評分服務來對各個候選項目進行評分之前,可以先用一個輕量級的排名器,把所生成的候選項目縮減成一個數量比較小的集合。

- 利用重新排名服務,讓最終的 PYMK 列表能夠增加一些多樣性。

其他討論要點

如果面試結束之後還有一些時間,這裡有一些可以額外進行討論的要點:

- 個人化隨機漫步 [8] 是另一種常被用來給出推薦的做法。由於它很有效率,因此可作為建立基準的一種有用做法。

- 偏見的問題。在訓練資料中,比較頻繁出現的使用者往往比偶爾才出現的使用者具有更大的代表性。由於訓練資料裡有這種不均勻的情況,因此模型有可能會比較偏向某些群體,而對其他群體產生不同的偏見。舉例來說,在 PYMK 列表中,比較頻繁出現的使用者可能會有比較高的機會被推薦給其他使用者。如此一來,這些使用者就可以建立更多的朋友關係,進而讓他們在訓練資料裡獲得更強的優勢 [9]。

- 如果使用者一再忽略掉系統所推薦的朋友,這時候就會出現一個問題,那就是如何在未來重新排名時考慮這樣的情況。理想情況下,那些被忽略掉的推薦,就應該被排到比較後面才對 [9]。

- 當系統向使用者推薦朋友時，使用者有可能並不會立刻發出建立朋友關係的請求。這其中可能會相隔好幾天或甚至好幾個禮拜的時間。在這樣的考量下，我們要等到什麼時候，才能把推薦的朋友關係標記為陰性呢？一般來說，這種推薦系統延遲回饋的問題，我們該如何處理呢 [10]？

總結

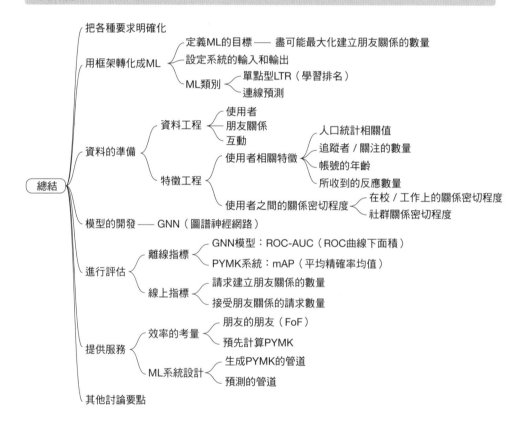

參考資料

[1] ML 的集群演算法。https://developers.google.com/machine-learning/clustering/overview。

[2] Facebook 的 PYMK。https://youtu.be/Xpx5RYNTQvg?t=1823。

[3] 圖譜卷積神經網路。http://tkipf.github.io/graph-convolutional-networks/。

[4] GraphSage 的論文。https://cs.stanford.edu/people/jure/pubs/graphsage-nips17.pdf。

[5] 圖譜注意力網路。https://arxiv.org/pdf/1710.10903.pdf。

[6] 圖譜同構（isomorphism）網路。https://arxiv.org/pdf/1810.00826.pdf。

[7] 圖譜神經網路。https://distill.pub/2021/gnn-intro/。

[8] 個人化隨機漫步。https://www.youtube.com/watch?v=HbzQzUaJ_9I。

[9] LinkedIn 的 PYMK 系統。https://engineering.linkedin.com/blog/2021/optimizing-pymk-for-equity-in-network-creation。

[10] 解決延遲回饋的問題。https://arxiv.org/pdf/1907.06558.pdf。

後記

恭喜！ 你已經閱讀完我們的面試指南了。現在你應該已經累積許多如何設計出複雜系統的重要知識與技能。並不是每個人都有這樣的自我要求能力，完成你所完成的事情、學到你所學會的東西。稍微喘口氣，給自己一點鼓勵吧。你的努力一定會有所回報的。

找到自己理想中的工作，是一段很漫長的旅程，需要耗費很多的時間與精力。不過，熟能生巧。祝你好運囉！

很感謝你購買並閱讀本書。如果沒有像你這樣的讀者，我們所做的事就沒意義了。希望你喜歡這本書！

如果你對本書有任何意見或疑問，請隨時透過 hi@bytebytego.com 與我們聯繫。如果你發現任何錯誤，也請告訴我們，以便我們可以在下一版進行修正。謝謝你了！

索引

※ 提醒您：由於翻譯書排版的關係，部份索引名詞的對應頁碼會和實際頁碼有一頁之差。

符號

A

B

G

K

L

M

N

O

P

S

內行人才知道的機器學習系統設計
面試指南

作　　者：Ali Aminian, Alex Xu
譯　　者：藍子軒
企劃編輯：詹祐甯
文字編輯：江雅鈴
設計裝幀：張寶莉
發 行 人：廖文良

發 行 所：碁峰資訊股份有限公司
地　　址：台北市南港區三重路 66 號 7 樓之 6
電　　話：(02)2788-2408
傳　　真：(02)8192-4433
網　　站：www.gotop.com.tw
書　　號：ACD024300
版　　次：2024 年 09 月初版
建議售價：NT$680

國家圖書館出版品預行編目資料

內行人才知道的機器學習系統設計面試指南 / Ali Aminian, Alex
　Xu 原著；藍子軒譯. -- 初版. -- 臺北市：碁峰資訊, 2024.09
　　面；　公分
　譯自：Machine Learning System Design Interview
　ISBN 978-626-324-852-6(平裝)
　1.CST：機器學習　2.CST：系統設計
312.831　　　　　　　　　　　　　　　　　113009516